U1017952

苹果栽培关键技术与疑难问题解答

主　编

秦立者　徐国良

副主编

石海强　杨素苗

编著者

杜纪壮　尼群周　秦立者

石海强　吴颖欣　徐国良

杨素苗　张卫红　组文芳

赵丽娟　郭利波

金　盾　出　版　社

内容提要

本书由河北省农业科学院果树研究所专家编著。内容包括：苹果园的规划建设，苹果树的土肥水管理，苹果树整形修剪，苹果树花果管理，苹果树病虫害综合防治，苹果园自然灾害防控，果品安全生产等。本书全面介绍了苹果栽培中的关键技术和疑难问题解决办法，集科学性、实用性和针对性于一体，内容新颖，通俗易懂等，适合苹果生产管理者和基层技术人员阅读，亦可供农业院校相关专业师生阅读参考。

图书在版编目(CIP)数据

苹果栽培关键技术与疑难问题解答/秦立者，徐国良主编．—北京：金盾出版社，2015．12(2019．1重印)

ISBN 978-7-5186-0163-9

Ⅰ．①苹… Ⅱ．①秦…②徐… Ⅲ．①苹果—果树园艺—问题解答 Ⅳ．①S661．1-44

中国版本图书馆CIP数据核字(2015)第053405号

金盾出版社出版、总发行

北京市太平路5号(地铁万寿路站往南)

邮政编码：100036 电话：68214039 83219215

传真：68276683 网址：www.jdcbs.cn

北京万博诚印刷有限公司印刷、装订

各地新华书店经销

开本：850×1168 1/32 印张：4．625 字数：100千字

2019年1月第1版第4次印刷

印数：13 001～18 000册 定价：13．00元

(凡购买金盾出版社的图书，如有缺页、倒页、脱页者，本社发行部负责调换)

目　　录

一、新建苹果园

（一）关键技术

1. 苹果园规划

正确规划果园土地，对果树生产和果园管理都有重要意义；若规划不当，会给生产管理带来不便，尤其会给水土保持和果园机械化作业等造成许多困难。因此，在园地规划时，要做到经济利用土地，便于管理和运输，园貌整齐，还要考虑长远规划的要求。要把小区的划分，排（排水）、灌（浇水）、路（道路）、林（防护林）及建筑物等设施作为重点。

(1)小区的划分 小区面积的大小依地形和土壤而定。如果建园面积较小，地形、土壤又较一致，可以不再划分小区；若建园面积较大，或地形、土壤条件有差异，就有必要划分若干小区。划区时，要以便于耕作、便于病虫防治、便于采收为原则。小区的面积过大，管理不方便；过小又会增加非生产性用地，也不便于机械化作业。一般平原地可以 0.4～0.8 公顷（6～12 亩）为一小区，丘陵山地根据具体情况划分。

小区的形状，平地可采用 2～4：1 的长方形，据地形情况也可采用正方形。山地、丘陵地及缓坡地可因地形划分成不同形状的小区，无论哪种形状，小区的长边都要与等高线平行，以利水土保持。

(2)道路与建筑物的设计 正确的布置道路可以减轻劳动强度，便于操作，提高工作效率。果园的道路一般分主路、支路和小路。小区以主路、支路为界，小路为田间管理作业道，要与栽植的行向垂直，小路相隔 50 米左右。3 种道路互相连通。

路面宽度：主路 6～8 米，支路 4～5 米，小路 2～3 米，机械化管理水平高的宜宽些。

建筑物包括配药池、包装场、办公室、库房、工具房等，应建在位置比较适中、交通比较方便的地方，但尽量不占用好地。

(3)排灌系统的规划 为保证果树正常生长用水的需要，平原沙荒新建园地 5.3～6.7 公顷（80～100 亩）配置 1 眼机井，尽量设置在一、二条主路或支路上，以便管理，节省架线。

浇水渠道位置要高，并与道路系统相结合，以减少非生产性用地。有条件的单位可用石料或水泥材料修建主渠道，减少水在途中的流失及渗透，节约用水，提高工效。果园滴灌和喷灌是今后发展的方向，有条件的在果园规划时要考虑输水管道的铺设。

不论在什么地方建园都应注意排水问题。首先摸清所要排出水的去向，再安排园内的排水系统。若园地较低，可采用机械抽水的方法向园外排水。

果园各组成部分的占地比例各地不一，根据经济利用土地的原则，提出如下比例供规划时参考：果树占地 90%、防护林占地 5%、道路系统占地 3%、排灌系统占地 1%、建筑物占地 0.5%、其他 0.5%。

(4)防护林的建立 防护林的主要作用是降低风速，防风固沙，保持水土，涵养水源，改善气候条件，调节土壤和空气湿度及温度，减少自然灾害（如冻害、风沙）的危害，以改善果园生态条件，保证果树正常生长发育。

防护林由主林带和副林带组成。主林带要建在迎风面，与当地主害风方向垂直，一般栽乔木树 6～8 行，株行距 2～3 米（以后可间伐），靠近果树的一侧栽灌木树 2～3 行，株行距 1 米。副林带与主林带平行或垂直，每 200～400 米设 1 条，与道路系统和排灌系统相结合，灌木分别种 2 行，乔木在副林带南侧或一侧可栽植 1～2 行，以后间伐成 1 行。

防护林要选择适应当地环境条件、树冠高大、发芽早、生长快、病虫害少、经济价值较高的树种。毛白杨、山皂荚等是较理想的乔木树种，灌木可选用紫穗槐、花椒、黄刺玫等树种。乔、灌木混合栽植防风效果最好。

防护林的栽植时期最好比果树提早 1～2 年，最迟也要与果树同年栽植，以便发挥其应有的作用。

2. 品种的选择和配置

建园时选择品种直接关系到以后的经济效益，应主要考虑以下几个方面：

第一，因地制宜、适地适栽。根据品种生态要求和当地自然条件（包括纬度、地势、气候以及土壤等）的特点，按照区域发展规划进行适地适栽。必须选择适应当地气候、土壤等条件且丰产优质的品种。

第二，以市场为导向、以优质丰产为目标。适应市场需求，综合考虑品种结构、管理水平、投入能力、交通条件、贮运条件以及发展前景等因素。

第三，适宜的品种搭配比例，涉及不同品种、不同成熟期等。

第四，以名、优、特品种为主，选育和引进有发展前途的优良品种。

在选择好主栽品种以后，要选择适宜的授粉品种。优良的授粉品种应具备以下条件：①与主栽品种的始结果年龄、开花期、果实成熟期基本一致，具有大量的、萌发率高的花粉；②与主栽品种在授粉方面有良好的亲和力，并能互相授粉；③丰产、果实经济价值较高；④与主栽品种的树体长势基本一致。

授粉树配置方式要因具体情况而定。授粉品种与主栽品种的距离不超过30米，一般授粉品种占总株数的20%～50%，根据授粉品种的经济价值适当调整。配置方式可采用等量配置，如2∶2、4∶4，也可采用差量配置，如1∶2、1∶3、1∶4等。丘陵山地果园的授粉品种应设在主栽品种的上方。果园的品种过多，管理不方便，在选择主栽品种和配置授粉品种时，应尽量减少品种数量，每个果园有1～3个主栽品种，全园共有2～6个品种为宜。由于三倍体品种的花粉不育，如采用三倍体的品种，配置授粉树时至少还应有2个能相互授粉的品种。

3. 苹果栽植技术

栽植苹果的时期，要根据各地的气候、苗木来源等情况确定。栽植时期合适，有利于提高苗木成活率、缩短缓苗期、生长快、结果早。一般栽植时期可分为秋季带土带叶移栽、秋季落叶后和早春发芽前栽植3个时期。在有灌溉条件的情况下，为预防冬季冻害、抽条，大部分地区采取春季发芽前栽植；在北方旱地，可在多雨、冷凉的秋季带土带叶移栽，但要求苗木自育、质量高、多带土、少伤根，时间在9月份至10月上旬；在选用外调苗木，不便带土、带叶栽植时，在落叶后(不发生或采取了防控冬季冻害和抽条措施的情况下)或春季均可栽植。

苹果的栽植方式要以充分利用土地和光能，提高单位面积产量，适应当地自然条件，便于机械化管理为原则。实践证明，长方形(即行距与株距相差2米左右)栽植较好，这种栽培方式行距大于株距，通风透光良好，果实着色艳丽、品质优，便于管理，适于机械化作业。平地果园以南北行向较好，树冠的东、西两面受光均匀，且比东西行树冠多吸收直射光，而山地果园多以梯田的自然走向或沿等高线栽植。

定植穴的大小与栽植密度、土壤条件有密切关系。栽植密度小、土质坚硬，定植穴宜大些。为使苹果早结果、早丰产，必须为苹果树的生长发育创造良好的条件，要求定植穴的直径、深（或长、宽、深）各为 0.8～1 米，土壤瘠薄或沙石过多的地方应适当加大。土壤条件较好的，定植坑内应全部填入表土，可将心土做畦埂或均撒地面。土壤条件不好的要换土，过于黏重的土壤适当掺沙，沙性过大的适当加黏土。经验认为，土、沙比约为 1∶2 或 1∶3 为宜。在换土的同时，施入足量的基肥，一般株施有机肥如圈肥 50～100 千克。

（二）疑难问题

1. 苹果需要什么样的环境条件？

苹果优质丰产同适宜的环境条件密不可分，苹果生长发育要求的环境条件，主要包括气候条件（温度、光照、降雨）以及土壤条件。

(1)温度　苹果喜冷凉气候，要求年平均温度在 8℃～12℃，各季温度能够满足苹果正常生长发育的要求。一般认为，北半球 12 月份、1 月份、2 月份 3 个月的平均温度－10.5℃等温线是苹果分布的北界。冬季绝对最低温度直接关系到苹果能否安全越冬。成年苹果树可耐－20℃以下低温，但持续 16 天以上也会发生冻害，苹果的抗寒性与品种、树龄也有关系。苹果受冻临界温度，一般花为－1.7℃～－2.2℃，花蕾为－2.8℃～－3.9℃，幼果为－1.1℃～－2.2℃。生长季中的 6～8 月份平均温度对同化物质积累、糖和花青苷的形成及果实增大影响较大，平均温度 20℃～22℃，最高温度大于 35℃的天数少，日温差大于 10℃以上有利于苹果花芽分化、果实发育以及着色。夏季高温对苹果生长发育十分不利，遇到大于 30℃的高温时，树体的地上部分和地下部分的生长受到抑制，不利于光合产物的积累和果实着色；若大于 35℃，则枝叶易发生灼伤，果实容易褪色。

(2)光照 苹果为喜光树种，光照充足则树体长势健壮、芽体饱满、产量高且品质好。苹果产区要求全年日照不低于2 200小时，低于1 500小时不利于果实着色。4～9月份要求日照1 100～1 500小时，或占该产区年日照的50%～70%。

(3)降雨 要求年降水量在500～800毫米，各季的降水量能满足苹果正常生长的要求。在无灌溉条件下，要求年降水量应大于500毫米，其中3～5月份是苹果萌芽和生长盛期，此期降水量不应少于150毫米。6～8月份是制造同化物质和果实增长耗水最多的时期，在无灌溉条件下，此期降水量应在300毫米以上。低于此限需进行人工灌溉或采取蓄水保墒措施，否则常导致大气和土壤干燥、果实变小、产量和品质下降；高于此限则会造成日照不足，品质降低。

(4)土壤 要求沙壤土或壤土，土层深厚，质地疏松，排水良好，保水力强，地下水位较低。土壤肥力要求有机质含量大于15克/千克，全氮大于0.8克/千克，有效磷大于5毫克/千克，有效钾大于50毫克/千克。在生产中还须因地制宜地进行土壤改良，以满足苹果生长发育的需要。

2. 苹果品种如何分类?

苹果品种的划分主要有以下几种方式：

(1)按果实发育期划分 果实的发育期，即落花期至果实成熟的天数。据此可分为早熟品种(<90天，在河北省中南部7月中旬以前成熟)，中早熟品种(90～120天，在河北省中南部7月中旬至8月上旬成熟)，中熟品种(120～150天，在河北省中南部8月中旬至9月上旬成熟)，中晚熟品种(150～180天，在河北省中南部9月中旬至10月上旬成熟)，晚熟品种(>180天，在河北省中南部10月中旬以后成熟)。

(2)按成熟时果实的颜色划分 可分为黄色品种、绿色品种和红色品种。黄色品种如王林、金冠、金标、金晕等。绿色品种如澳洲青苹、印度等。红色品种如富士系、元帅系等品种，富士系品种按着色类型又分为片红型(又称为Ⅰ型，如惠民短枝、烟富 2 号、冀红和红王将等)和条红型(又称为Ⅱ型，如 2001 富士、石富短枝和早生富士等)2 种。

(3)按果实大小划分 按果实平均单果重把苹果分为 9 类，即极小(小于 25 克)、很小(25.1～50 克)、小(50.1～80 克)、较小(80.1～110 克)、中(110.1～150 克)、较大(150.1～180 克)、大(180.1～200 克)、很大(200.1～250 克)、极大(大于 250 克)。

(4)按品种染色体数目划分 可分为二倍体、三倍体、四倍体品种，苹果绝大部分品种都属于二倍体，三倍体品种有乔纳金、北斗、陆奥等，四倍体以上染色体的品种极为罕见。

(5)按起源划分 可分为富士系、元帅系、乔纳金系、嘎拉系、金冠系等。

(6)按植株形态特征划分 可分为普通型和短枝型品种。生产上应用的主要短枝型品种有元帅系的阿斯、矮鲜、新红星、首红、超红、艳红等，金冠系的金矮生、黄矮生等，富士系的石富短枝、礼泉短枝、烟富 6、福岛短枝等。

3. 苹果的优良品种(系)有哪些?

每个优良品种(系)在其适应性、抗逆性方面都有一定的局限性、地域性，只有在适宜的生态条件下其优良特性才能得以充分发挥。目前，生产中栽培的主要优良品系有以下几类。

(1)富士系 优良品种有长富 2、岩富 10、烟富 3 和冀红等长枝型品种及石富短枝、惠民短枝、烟富 6、礼泉短枝等短枝型品种。

(2)元帅系 主要有元帅、红星、新红星、超红、首红、银红、阿斯等。

(3)嘎拉系 主要有嘎拉、皇家嘎拉、星系嘎拉、特红嘎拉等。

(4)乔纳金系 主要栽植品种有普通乔纳金、红乔纳金、新乔纳金、早生乔纳金等。

(5)津轻系 主要有津轻、红津轻、芳明等津轻的着色系变异。

(6)金冠系 主要有金冠、金矮生、黄矮生等。

除以上品系外，还有藤牧1号、信浓红、美国8号、摩利斯、清明、华红、高岭、太平洋玫瑰、新世界、北海道、王林、国红、澳洲青苹、粉红女士等优良品种。

4. 如何选用矮化砧木？优良的矮化砧木有哪些？

应根据各地的具体立地条件选择合适的苹果矮化砧木。如在盐碱地、pH值较高的地区、地下水位高或多雨的地区应选择抗盐碱、耐涝的砧木；在寒冷干旱地区则应选择抗寒性和抗旱性强的砧木。

目前，生产上应用最多的矮化砧木有M系、MM系、SH系等。

(1)M系砧木 英国选育出的27个苹果矮化砧木类型，即M_1～M_{27}。

①M_{26}矮化砧木 易繁殖，压条生根好，繁殖率高，抗白粉病，与苹果品种嫁接亲和力强，植株生长矮化、产量高，果实品质好，但根系浅，不抗棉蚜和颈腐病，有“大脚”现象，在一些地区越冬抽条严重，不宜在沙质土和贫瘠干旱地区栽植。宜作中间砧，在华北地区应用，中间砧段需埋入地下。但不抗寒，要求较好的土壤和管理条件。

②M_9矮化砧木 生根比较困难，压条繁殖率低，与苹果嫁接有“大脚”现象，根系浅，抗旱、抗寒、耐涝和固地性均较差，树易折断和倾倒，需立支柱，但嫁接苹果早果性很强，对结果晚的富士品种更为突出。适于比较肥沃的土壤和较好的土壤管理。适合作中间砧。在华北地区用作中间砧，砧段要埋入地下。

③M_7半矮化砧　压条生根力强，繁殖系数高，适应性强，耐瘠薄，抗旱，抗寒力强，与苹果嫁接亲和力强，早果性虽不如M_9和M_{26}，但适应性很强。不耐涝，易生根头癌肿病。最好用自根砧。

(2)MM系砧木　英国选育出的15个苹果矮化砧木类型，即MM_{101}～MM_{115}。

MM_{106}，半矮化砧。易生根，根系发达，树势强健，固地性好，适应性强，抗苹果棉蚜及病毒病，与一般苹果品种嫁接亲和力好，早果、丰产，但易感白粉病。作中间砧矮化效果不够理想，最好用自根砧和嫁接短枝型品种。

(3)SH系砧木　山西省果树研究所用国光×河南海棠种间杂交育成。

极矮化的类型有SH_4、SH_{20}、SH_{21}等，矮化的类型有SH_5、SH_6、SH_9、SH_{10}、SH_{12}、SH_{17}、SH_{38}、SH_{40}等，半矮化的类型有SH_3、SH_{15}、SH_{22}、SH_{24}、SH_{29}等。经在河北省试栽，SH_3、SH_{38}、SH_{40}等矮化性及与嫁接品种的亲和性好，并有早花、早果、果实品质好等优点，比M_9、M_{26}的抗逆性强，尤其耐旱性突出，也抗抽条，抗倒伏，较抗黄化；此外，比S系砧木压条生根容易，易繁殖，很有发展前途。但嫁接有"小脚"现象，定植时中间砧段要埋入地下。

(4)我国其他的矮化砧资源　我国苹果矮化砧木种类繁多，主要有崂山柰子、武乡海棠、陇东海棠、樱桃叶海棠、栒子、牛筋条、晋矮1号等。

5. 如何确定苹果园的栽植密度？

在一定的环境条件下，合理密植可以增加叶面积，有效地利用光能，提高单位面积产量。但是密植并非越密越好，密度过大，光照不足，通风不良，下部枝条干枯，结果部位上移，产量下降，质量变劣，管理不便且费工。因此，要根据具体条件决定栽植密度，一是根据不同品种、不同树形在科学管理的情况下盛果期树冠的大小确定；二是根据不同的砧木种类确定；三是根据不同立地条件（土壤、气候）确定；四是山地、丘陵地还要考虑土壤、坡度、坡向。

乔砧普通型品种在瘠薄的丘陵、山地可适当密些，但最密应以2米×4米为限。若为了增加前期经济效益，可以进行计划密植（表1）。

表1　苹果栽植密度

品种、砧木类型	常规栽植		计划密植	
	密　度（米）	每667米^{2}栽株数	密　度（米）	每667米^{2}栽株数
矮砧＋短枝型	(1.5～2)×(2～3.5)	222～100	—	—
矮砧或短枝型	(2～3)×4	56～83	2×3	111
乔砧普通型	(3～4)×(4～6)	28～56	2.5×3.5	76

6. 怎样提高栽植的成活率？

要达到早期丰产不仅要保证树体生长健壮，而且株间差异要小、无缺株现象，因此栽植时要努力提高栽植成活率。苹果栽植成活率的高低，与苗木的根系状况和栽后的土壤湿度有密切的关系。为了提高成活率，应做好以下几点：

第一，保持根系完整。起苗时要挖大坑，尽量多保留些根，使根系完整。

第二，选用优质壮苗，分级栽植。

第三，保持根系湿度。最好随起苗随定植，外调苗木要注意保护根系，防止伤根、失水。

第四，精细栽植。栽植深度一般以栽植浇水后苗木嫁接口与地面相平为宜。为了确保适宜的栽植深度，栽前浇水洇坑、沉实是很必要的。

第五，栽后及时浇水并用地膜覆盖，保持土壤湿度，增温保墒。栽植后立即浇水，倒伏的苗木要扶直，7 天左右再浇 1 次水，并在树干基部培土堆，固定苗木，以防风吹晃动。以后要及时浇水，满足水分的供应。

7. 如何提高山旱地苹果栽植成活率？

山旱地果树定植难成活是长期以来山区发展果树的难题，是干旱山区发展果树成败的关键。石家庄果树研究所经过多年试验，解决了此问题。技术要点如下：

(1)选苗和刨苗 山旱地苹果苗木定植的成活率受苗木枝条水势的影响，水势高的成活率低，水势低的成活率高。已证实，苹果苗木枝条水势受育苗地水分状况的影响。水分供应充足的水浇苗圃育出的苗木，苗粗、高、壮，且枝条水势高，在干旱荒坡梯田定植死亡率高，定植后大量苗木不能正常发芽，长期保持绿杆，直至降过大雨后，才能发芽展叶；旱地苗圃育出的苗木，由于长期处于水分不足的状态，苗木明显细、矮、弱，枝条水势低，这类苗木在旱地栽植成活率高。在干旱山区定植苹果树，如需要用水浇地时，一定要提前选好苗木，并委托专人搞好成苗期(8～11 月份)的控水工作，降低苗木枝条水势，确保旱地定植成活率。

(2)泥浆栽植技术 干旱山区水源缺乏，运水上山十分困难，定植时充分发挥有限水的效益是成活的关键。具体做法是，在施足肥填好土的定植穴中央，根据苗木根系大小挖一个适宜坑穴，浇上一桶水搅成泥浆，然后将根系轻轻浸入泥浆中，填土把树苗栽好，修好树盘再浇一桶水，待水渗后封土踩实。这样，可以使浇入的水完全集中于苗木根系周围，避免发生定植穴的边缘效应。

(3)铺盖地膜保墒并蓄存自然降水 栽植后，把树盘修成直径 80～90 厘米的四周高、中间低的锅底形圆坑，用 1 米^2 地膜覆盖，压好四周和接缝，在树苗周围将地膜扎3～5个小孔并用土封好。这样，栽树时浇的水有地膜覆盖，不易蒸发掉，降雨时，锅底形的树盘随时使雨水流向中心低处，并顺小孔渗入膜下的土壤中，起到充分利用和蓄存自然降水的作用。

(4)雨季前挖好定植坑蓄水，秋季定植，冬季埋土防抽条，春季晚出土栽植技术 具体做法是，雨季前按株行距挖好80～100厘米见方的坑，用杂草10千克、磷肥0.5千克、尿素0.25千克与表土混合后施入坑内，踩实，把树盘修成中间略低的锅底状，用1米^{2}地膜覆盖，压好边角，中心低处将地膜扎3～5个小孔，并用土封住，这样雨季可蓄存充足的水分。秋季采用泥浆栽植法，可减少用水量，浇水后盖好地膜，然后将树苗弯倒埋土，厚度20～30厘米。翌年春4月上旬苗木发芽前出土，扶正苗木，清理膜上余土。采用此项技术不但可以利用秋季果树根系生长高峰使新栽幼树根系受伤部分迅速愈合，并利用了秋季土壤和空气湿度大的特点，促进苗木成活，另外苗木避开了冬季严寒及春季风干，避免了抽条现象的发生。如果运水实在困难，采用此项技术定植时也可不浇水，利用1∶100的高分子水分保持剂蘸根后栽植，成活率可达70%以上。

(5)袋水定植 片麻岩结构山体，土质粗，蓄水能力差，定植时补浇水又怕渗漏，需用袋水定植法。方法是用一个不漏水的塑料袋装水0.5～1升，定植时将苗木的1条根放入装水的袋中，根尖要达到袋底，用绳绑好，连袋一同栽到定植坑内(塑料袋要放在树苗的同一侧，以便栽活后取出，防止污染)。

(6)应用保水剂 保水剂是一种吸水、保水力很强的高分子颗粒，它能高效地吸水保水，逐渐地释放水分，以供树体生长发育所需。使用方法有2种，即蘸根和直接施入。使用保水剂要注意：根据应用目的选用不同类型的保水剂；注意施用时间及土壤水分条件；充分考虑保水剂对土壤的破坏作用和安全性；同时，注意施用保水剂必须与其他节水措施配合应用效果才会更加明显。

8. 如何保持园貌整齐？

(1)做好果园规划 按品种类型、成熟期等分区栽植，不仅有利于保持园貌整齐，而且还可以方便果园的各种管理。

(2)按苗木质量分级栽植 定植前将苗木分级，按枝条的长度、粗度、根系的大小和须根的多少等将苗木分为3级，在定植时要按苗木质量分片栽植(表2)。

表2 苹果苗木等级规格指标

<table>
<tr><th colspan="2">项　目</th><th>一级</th><th>二级</th><th>三级</th></tr>
<tr><td colspan="2">基本要求</td><td colspan="3">品种和苗木类型纯正，无检疫对象和严重病虫害，无冻害和明显的机械损伤，侧根分布均匀舒展、须根多，接合部和砧桩剪口愈合良好，根和茎无干缩皱皮</td></tr>
<tr><td colspan="2">直径≥0.3厘米、长度≥20厘米的侧根(条)(指乔化砧苹果苗和矮化中间砧苹果苗)</td><td>≥5</td><td>≥4</td><td>≥3</td></tr>
<tr><td colspan="2">直径≥0.2厘米、长度≥20厘米的侧根(条)(指矮化自根砧苹果苗)</td><td colspan="3">≥10</td></tr>
<tr><td rowspan="3">根砧长度(厘米)</td><td>乔化砧苹果苗</td><td colspan="3">≤5</td></tr>
<tr><td>矮化中间砧苹果苗</td><td colspan="3">≤5</td></tr>
<tr><td>矮化自根砧苹果苗</td><td colspan="3">15～20，但同一批苹果苗木变幅不得超过5</td></tr>
<tr><td colspan="2">中间砧长度(厘米)</td><td colspan="3">20～30，但同一批苹果苗木变幅不得超过5</td></tr>
<tr><td colspan="2">苗木高度(厘米)</td><td>>120</td><td>100～120</td><td>80～100</td></tr>
</table>

续表 2

项目		一级	二级	三级
苗木粗度（厘米）	乔化砧苹果苗	≥1.2	≥1.0	≥0.8
	矮化中间砧苹果苗	≥1.2	≥1.0	≥0.8
	矮化自根砧苹果苗	≥1.0	≥0.8	≥0.6
倾斜度（度）		≤15		
整形带内饱满芽数（个）		≥10	≥8	≥6

(3)留足假植苗 由于栽植苗木质量和栽后管理方面的问题，苗木在栽植后的几年里有可能死亡，有的极度衰弱，影响园貌的整齐度和早果丰产，为了使补栽树与原定植树大小一致、保持园貌整齐，大果园应建立假植园，小果园应有假植苗（假植在株间或行间），假植的数量为栽植树的10%左右，其中自育苗可少些，外购、质量差的苗应多些。假植园的株距0.5～1米，行距1～2米，以后随着每年补植，株、行距也随之加大。栽植后要立即浇水，倒伏的苗木要扶直，5～7天后再浇一水，并在树干基部培土固定苗木，以防风吹晃动。以后及时满足水分的供应。为了保水、增加地温，提高成活率，树下地面应覆盖塑料地膜。

9. 什么时间、如何进行补栽？

补栽时间要根据苗木大小、当地气候和管理情况来决定。补栽的苗木较大（5年生以上）、秋天土壤墒情好、气候温暖、灌溉条件较差的地区，以秋季落叶后补栽为好。其优点是当年伤口能愈合，有利于翌年春天及时生长，可减少春季浇水次数，提高成活率。如果苗木较小，气候寒冷、多风，冬季易受冻害和发生抽条的地区，以春季发芽前补栽为宜。

补栽起苗时，要尽量多保留根系，起苗坑要与树冠大小相同，若能带上一些土，则更有利于成活。挖补栽坑要大于起苗坑，为使其旺盛生长，很快赶上原定植株，栽时应在坑的下半部施足量的有机肥。栽植深度以根颈与地面相平为宜。栽后要及时浇水，从栽植到雨季前要比原定植株多浇水 2～3 次，经常保持土壤湿润，以利于成活。最好立支柱固定树干，防止风摇。

10. 如何选择苹果园防护林树种？

果园在选择防护林树种时，主要考虑该树种对当地水土条件的适应性、防护效果、乔木或灌木、防风固沙性能、是否有经济价值等，但往往会忽视一个很重要的问题，就是该树种与栽植的果树有无共同病虫害、是否为果树病虫的中间寄主。

(1)不宜选用的苹果园防护林树种

①刺槐　刺槐极易招引蟏象危害苹果树，导致叶片干枯脱落，果实变形；刺槐在生长发育过程中分泌出的鞣酸类物质，对树体的生长发育有较大的抑制作用，可导致大幅减产；刺槐上的落叶性炭疽病菌也能感染苹果，造成大量落叶。同时，刺槐还易传播根腐病。

②泡桐　泡桐是紫纹羽病菌的越冬场所。

③桧柏类树木　如桧柏、翠柏、龙柏等树种，它们都是苹果锈病转生寄主。该病菌危害苹果后，又回到桧柏类树木上去，以孢子态越冬，翌年春产生小孢子随风吹回到苹果树上继续繁衍和危害。

④核桃树　苹果园不能栽植核桃。核桃树叶分泌的一种叫"胡桃醌"的物质，随着雨水渗入土壤后，会使苹果根遭受毒害，抑制生长，致使树体衰弱或死亡。

(2)适宜作苹果园防护林的树种

①黄刺玫　为蔷薇科蔷薇属植物，落叶灌木。小枝褐色或褐红色，具刺。花黄色，单瓣或近重瓣，果球形，红黄色。适应性强，其枝上有硬刺，枝条密集、丛生，是果园防护林的好树种。

②山皂荚　又称山皂角，豆科皂荚属落叶乔木。小枝下侧及树干上常有粗壮棘刺。幼苗生长快，适宜作果园防护林。

③花椒　为芸香科花椒属植物，落叶灌木或小乔木。枝蔓上具扁平刺，树形丛状，生长快。用作果园防护刺篱，人、畜难以穿过。其果实又是调味品，有一定的经济价值。

二、土肥水管理

(一)关键技术

1. 土壤改良

应根据具体土壤条件采取相应的土壤改良措施。盐碱土应浇水压盐、广种绿肥;有硬土层的土壤一定要深翻打通;地下水位高的土壤要开设排水设施;较大的沙石要深刨取出;纯黏、纯沙的土壤要客土掺沙和掺黏土改良。总之,对于大多数土壤应做到以下几方面:

(1)深翻熟化 在建园时进行人工改土,在果树生长周期中进行熟化改良。扩穴深度要达到0.8～1米,结合扩穴施入农家肥或压施绿肥作物,浇足水,增加土壤有机质,熟化土壤以提高土壤肥力。在果园深翻时,要掌握少伤根的原则,根据根系在土壤中的分布及生长特点,扩穴时间应掌握在秋季落叶后至翌年树体开始生长活动前,减少伤根,尤其是直径0.5厘米以上的根。

(2)覆盖 春、秋季分别在树周围1～2米处覆盖3～5厘米厚的碎麦秸或碎玉米秸等作物秸秆,可起到抑盐、保水、平抑地温的作用。秸秆经耕翻沤制后,可转化为土壤有机质,释放出氮、磷、钾、锌、铁等元素,同时降低土壤容重,增大土壤孔隙,改善土壤通气状况,利于土壤生物生长发育。

(3)增施有机肥 有机肥养分全面,富含有机质、氮、磷、钾和微量元素,对于土壤供肥、保肥、耕性、土壤容重、土壤生物等都十分有利。增施有机肥是培肥土壤,克服土壤缺肥、盐渍、理化性状差的有效途径之一。

(4)平衡施肥 针对不良土壤存在缺肥、供肥力差、养分不平衡、盐渍等情况，结合苹果的需肥规律，均衡施用氮、磷、钾和微量元素肥料，可有效培肥土壤、节约肥料，并能提高果品质量。

(5)间作绿肥 绿肥作物产量高，肥效好，不但能增加土壤有机质，改善土壤理化性状，保持水土，而且还可以做饲料，过腹还田。绿肥易栽培，成本低，是一种优质肥源。草木樨、苜蓿、绿豆等绿肥作物都适合果园间作。间作绿肥是培肥和充分利用果园土壤的有效措施。

2. 常用的土壤管理制度

对苹果园行、株间的土壤采取某种方法进行管理，常年如此，并作为一种特定的方式固定下来，就形成了苹果园的土壤管理制度。土壤管理制度归纳起来有果园生草制、清耕制、覆盖制、清耕覆盖作物制、免耕制和间作制等。每种管理制度各有其优缺点，生产中应根据苹果的品种与砧木类型、栽植密度、树龄、土壤肥力、立地条件等选用适宜的土壤管理制度。

(1)果园生草制 果园生草制就是在果园长期种植多年生禾本科、豆科等植物的土壤管理制度。生草制的种植形式有：生草一清耕制、生草一覆盖制、生草一清耕轮换制、全园生草制等。

果园生草能增加土壤有机质含量，改善土壤的结构和理化性质，防止地表土、肥、水的流失；有利于改善果园的生态条件，富集和转化土壤养分，提高果实品质；还可节省除草用工等，降低生产成本。

(2)果园清耕制 果园清耕制是果园土壤在秋季深耕、春季浅耕、生长季多次中耕除草，耕后休闲，使土壤保持疏松和无杂草的状态。果园清耕制是一种传统的果园土壤管理制度，目前生产中仍被广泛应用。

果园清耕能有效地控制杂草，避免或减少杂草与果树争肥水的矛盾；能使土壤疏松通气，促进微生物的活动和有机物分解，短期内提高速效性氮素的释放，增加速效性磷、钾的含量；有利于行间作业和果园机械化管理；消灭部分寄生或躲避在土壤中的病虫。

(3)地膜覆盖制

①*成龄果园的地膜覆盖技术*　树下覆膜能减少水分蒸发，提高根际土壤含水量，有利于提高早春土壤温度，促进根系生理活性和微生物活动，加速有机质分解，增加土壤肥力。树下覆膜还可减少部分越冬害虫出土危害，促进果实成熟和抑制杂草生长。

②*地膜覆盖穴贮肥水技术*　简单易行，投资少见效快，具有节肥、节水的特点，是旱地果园重要的抗旱、保水技术。

③*覆膜与覆草相结合的覆盖技术*　春季覆盖地膜提高地温、保墒，夏季覆盖秸秆或杂草防止高温灼伤根系，抑制杂草生长，保持水土，提高土壤肥力。覆草时揭掉地膜后再盖草。

(4)果园覆草　果园土壤用杂草、绿肥、麦糠、作物秸秆、树叶、碎柴草以及其他生物产生的有机物品覆盖的方法统称为果园覆草。山地、旱地、盐碱地果园实行树盘或全园覆草有利于果树的生长发育。

(5)果园清耕覆盖作物制　清耕覆盖作物制是指在一年中，某一时期清耕使园地土壤保持休闲状态，而另一时期则种植覆盖(绿肥)作物的土壤管理方法。国外采用清耕覆盖作物法，一般是冬、春使土壤保持休闲状态，而初夏播种一季短期作物(主要是播种绿肥牧草)，到秋季收获。此法类似于我国果园中每年播种1次夏季绿肥或越冬绿肥，于花期或花荚期就地压青，其他时期保持休闲的做法。

(6)果园免耕制　果园免耕制又称少耕法，是近年来欧美国家应用较广泛的一种土壤耕作制度。我国近年来发展也较快，但主要在农作物上应用。

(7)果园间作制 果园间作制就是利用果园行间种植适宜的作物，增加经济收入，一般在扩冠期应用。果园合理间作能促进土壤熟化，改良土壤结构，增加土壤有机质，改善微域生态条件，抑制杂草生长，减少水土流失。

3. 苹果树的施肥特点

苹果根系垂直分布多在 1 米以内，水平分布常大于树冠，年生长周期内有 2～3 次生长高峰，依据苹果根系活动特点及需肥规律确定施肥特点如下：

(1)以秋施基肥为主 基肥以有机肥为主，如人粪尿、厩肥、堆肥、饼肥等，并配合施用磷、钾肥，一般采收后至落叶前完成，施肥方法采用沟施。幼树或初果期树采用环状或条状沟施，深 40～50 厘米，宽 30～40 厘米，开沟部位随树冠扩大逐年外展。成年果园常采用放射状沟施，一般开设 4～8 条放射沟。

(2)追肥 一般每年 2～3 次，幼树于发芽前后施速效氮肥并结合浇水，施肥沟深 5～10 厘米；落花后，以追磷、钾肥为主，有利于幼果发育和花芽分化；第三次在晚熟品种采收前追肥，防止叶片早衰，增加储藏营养积累。根外追肥可以结合预防缺素症等喷布微量元素肥料。

(3)施肥量及氮、磷、钾配比 苹果施肥量与负载量有密切关系，盛果期大树为保持高产、稳产，每生产 50 千克苹果需给土壤补充纯氮 0.55 千克、磷 0.34 千克、钾 0.46 千克，三者相对比例约为 1∶0.5∶1，并需补充一定量的各种微量元素。如果按有效成分折算为施肥量，则每 667 米^2 产量 1 000 千克以上的苹果园，有机肥的施用量（按草垫圈肥折算）一般要达到 1 千克果 1 千克肥的标准。每 667 米^2 产量 2 000～3 000 千克的丰产园，有机肥的施用量要达到“1 千克果 1.5 千克肥”的水平。在此基础上，还需要追施一定量的速效性氮、磷、钾肥。

4. 苹果树的施肥方法

果树施肥除按树龄、结果多少确定施肥量外，还要考虑年周期内不同物候期对肥料的需要状况（即苹果树年需肥规律），以及各种肥料的性质，确定施肥时期、施肥种类和各时期的施肥量，于需肥前及时施入适量的肥料。只有这样，才能充分发挥肥效，满足果树生长发育的需要。果树施肥分为基肥、追肥和叶面喷肥 3 种。

基肥是能较长时期供给苹果树养分的基础肥料。因为基肥主要是有机肥料，释放养分持续时间较长，并含有多种营养元素，能保证全年各种营养的不断供应。通过施用基肥还可以改良土壤结构，增加透气性，使土壤疏松，提高地温，减少根际冻害，调整酸碱度等。

根据苹果树年周期需肥特点及时追肥，可以调节苹果树生长与结果的矛盾。追肥可分地下追肥（简称追肥）和叶面喷肥（简称喷肥）。

5. 苹果园节水灌溉方法

浇水方法应依照提高效益、节约用水和便于管理的原则确定，目前主要有以下几种方法：

（1）畦灌 平原地区的土地平整，可采用畦灌。一般 1 行为 1 畦，畦不宜过大。浇水时要求水量均匀，以浇透为准。此法简单易行，投资较少，但耗水量大，适于水源充足的地区。用此法浇水后土壤易板结，应及时中耕。

（2）沟灌 土地不平整水源又缺乏地区可开沟浇水，即在树行、株间根系分布的外围开沟浇水。此法省水，土壤结构破坏小，但比畦灌用工多。

（3）喷灌 是用有一定压力的水通过管道、喷灌机，喷到果树或地面上的浇水方法。它适用于不平整的园地，具有省工、省水、保土、保肥、不破坏土壤结构并能改善果园小气候的特点。此外，还可与喷肥、喷药相结合。山区集水节灌果园可利用自然压力进行喷灌，方法可采用聚乙烯(PE)喷水带。果园喷灌投资较大，喷灌机有固定式和移动式2种。

(4)滴灌 是近年来新发展的一种灌溉方法。水通过预先设置的管道和滴头，以水滴状态缓慢滴入果树根系附近，使土壤保持适宜的含水量。这种方法最大的特点是省水，对果树有明显的增产效果，同时还不破坏土壤结构，特别适用于山区缺水果园。

(5)渗灌 在地下深1米左右的地方铺设特制的低压塑料管或陶管，形成管网，由水泵加压后，水通过管道表面的众多小孔直接渗透到根部的土壤，供根系吸收利用。其优点是水分没有输水渠道的渗漏和蒸发，比地面浇水节约40%左右，省工省时。

(6)小管出流 是用塑料小管与插进毛管管壁的稳流器连接，把来自输配水管网的有压水以细流(或射流)形式浇到地表，再以入渗的形式渗到树体根区土壤的一种浇水形式。具有堵塞情况少、省水效果好、灌溉效率高、管理方便等特点。

6. 苹果园的浇水时期、浇水量与浇水位置

在苹果的生长季节中，从花芽膨大到落花后2周是果实细胞旺盛分裂期，如果树体的水分供应不足，会影响果实的大小，所以这是第一次浇水关键时期，浇水的时间可以掌握在苹果萌动后到开花前，这也是开春后的第一水；6月上旬至7月中旬进入花芽生理分化阶段，为了控制营养生长、促进花芽形成，这个阶段要适当控制水分供应；到了7月上旬至9月中旬的时候进入果实的速长期，是苹果需水的第二个关键时期，水分不足直接影响果实大小，所以这个阶段要保证水分的供应，而此时正值汛期，可以根据降雨情况确定是否浇水；9月下旬到果实采收，此阶段果园浇水会影响果实的内在品质；果实采收后要立即浇水，确保树体储藏营养的积

累。土壤封冻前后许多果园有浇冻水的习惯，此时由于地温较低，根系的吸收能力下降，浇水的作用不明显。

对于苹果幼树而言，主要目的是缩短缓苗期，以促进生长为主，因此在灌溉时期上要做到：萌芽前灌溉，保证萌芽和新梢生长对水分的需要；新梢速长期灌溉，促进新梢迅速生长；8月份至10月上旬秋梢停长要适当控制浇水，使新梢及时停止生长，充实枝条和顶芽，以防冻害和抽条。

灌溉时如果浇水量不足，水分渗透不到苹果吸收根的主要分布区域，则达不到灌溉的目的；如果浇水量过大，过量的水成为重力水渗掉，不仅造成肥料损失，还会引起土壤结构变化，甚至出现生理性病害。据测定，在土壤相对含水量25%左右时，浇水量50～100毫米为宜。当果园土壤相对含水量低于50%时，必须及时进行浇水。在苹果的需水临界期土壤相对含水量不应低于65%。

初果期苹果树和丰产期的苹果大树，在粉沙质壤土条件下在距树干50～120厘米的范围内吸收根较多，在黏土地果园距树干40～90厘米部位吸收根较多，而树冠投影外沿不是吸收根最多的地带。根系具有显著的趋肥、趋水性，在多年的施肥穴部位吸收根密集。根据初果期和丰产期苹果树根系的分布特点，果树萌芽至落花期、果实采收后浇水的位置应在距树干70～150厘米处，而其他季节浇水位置在距树干120厘米的范围内可保证灌溉水发挥最大的作用。

（二）疑难问题

1. 如何选用土壤管理制度？

对苹果园行、株间的土壤采取某种方法进行管理，常年如此，并作为一种特定的方式固定下来，就形成了苹果园的土壤管埋制度。土壤管理制度归纳起来有果园生草制、清耕制、覆盖制、清耕覆盖作物制、免耕制和间作制等。每种管理制度各有其优缺点，生产中应根据苹果的品种与砧木类型、栽植密度、树龄、土壤肥力、立地条件等选用适宜的土壤管理制度。

2. 如何进行果园生草？

果园生草制就是在果园内长期种植多年生禾本科、豆科等植物的土壤管理制度。我国苹果园多分布在丘陵、低山、河滩上，土质瘠薄，有机质含量在1%以下，缺磷、缺铁、缺锌等现象严重，为了保证苹果树的正常生长发育必须增施有机肥。目前，粮、果、菜争肥的矛盾突出，农家肥极度缺乏，在苹果园需就地开辟肥源。实践证明，果园生草、种植绿肥是有效途径。果园生草、种植绿肥不仅可就地利用，还可节省大量的积肥、运肥和中耕除草用工，降低生产成本。

生草的方法有人工种草和自然生草 2 种方法。人工种草就是根据果园的自然条件选择适宜的草种，进行人工种植。自然生草就是果园内自然长出的各种杂草，通过自然相互竞争和连续刈割，最后剩下几种适于当地自然条件的草种，实现果园生草的目的。

(1)果园生草制的优点 果园生草能增加土壤有机质；改善土壤的结构和理化性质，提供大量的新鲜有机物质与钙素等养分，对促进土壤水稳性团粒结构的形成，改善土壤的理化性状，进而使土壤的保水、透水性加强，耕性变好，促进土壤熟化和低产土壤的改良有重要作用；果园生草能很好地覆盖地面，缓和暴风雨对土壤的直接侵蚀，减少地表径流，防止冲刷，减少水、土、肥的流失，对培肥山坡薄地果园土壤有良好的效果，在风沙大的荒沙地与沟渠坡地边缘种植多年生绿肥作物，对固沙护坡有明显效果；果园生草能调节土壤温度，有利于果树根系的生长，试验表明，由于覆盖作用，夏季可使表层土壤温度下降 4℃～6℃，冬季可提高地表温度 2℃～3℃，这对夏季高温地区的果园，特别是沙地果园有重要的意义；低洼盐碱地区的果园，采用生草栽培还能防止盐分上升；果园生草有利于提高果实品质；果园生草可节省除草用工等，降低生产成本；果园生草有利于富集和转化土壤养分。绿肥作物根系发达、吸收利用土壤中难溶性矿质养分的能力很强。豆科绿肥作物主根入土很深，通过其吸收作用，可将土壤耕作层、甚至深层中不易被其他作物吸收利用的养分集中起来，待绿肥翻耕分解后，大部分养分重新以有效形态留在耕作层中。

(2)果园生草制的缺点及克服方法 果园生草增加了土壤水分的消耗量，特别是在土壤干燥，土层浅、根系不能向深层吸收水分的情况下，二者争夺水分的矛盾尤其突出。解决果园生草与果树争水的矛盾，方法有：种植耗水量小的草种；采用蓄水保墒措施；干旱季节，草与果树争水的矛盾突出时增加生草的刈割次数，减少草的水分消耗等。

果园生草增加了土壤养分的消耗，禾本科植物需氮量较多，豆科植物对磷的吸收量大。在草的旺盛生长期间，草与果树争肥现象尤其突出。解决这个矛盾的方法，一是通过刈割草的办法；第二是对果树、草增施肥料。

连续多年生草后，土壤表层常因草根密挤而板结，影响通气和透水性，引起果树根系上翻，降低抗旱、抗寒能力。对生草制的果园要合理轮作，换茬时对果园土壤进行深翻。

3. 怎样进行果园覆草?

果园覆草可以减小土壤温度、湿度的变化幅度及冻土层的厚度，改善根系分布层土壤的温度条件，延长根系活动时间，增加树体储藏营养。幼龄苹果园覆草后，早春根系吸收水分早，能够防止幼树抽条。果园覆草还可减少土壤水分蒸发，在盐碱地上可防止返碱。果园覆草有利于水土保持，减少地表径流，防止土壤冲刷。果园覆草能增加土壤有机质含量，促进土壤微生物的活动，提高土壤肥力。

果园覆草前要翻地、浇水。碳氮比大的覆盖物要增施氮肥，以满足微生物分解有机物时对氮肥的需要。过长的覆盖物，如玉米秸、高粱秸等要切短，段长40厘米左右。覆草后在草上星星点点压土，以防风刮和火灾，但切勿全面压土，以免造成通气不畅。果园覆草改变了田间小气候，使果园生物种群发生了变化，如树盘全铺麦秸或麦糠的果园玉米象对果实的危害加重，要注意防治。覆草后不少害虫栖息草中，应注意向草上喷药。秋季应清理树下落叶和病枝，防治早期落叶病、潜叶蛾、炭疽病等的发生。果园覆草应连年进行，至少保持5年以上才能充分发挥覆盖的效应。在覆盖期间不进行刨树盘或深翻扩穴等工作。连年覆草会引起果树根系上移、分布变浅，经覆草的果园不宜改用其他土壤管理方法。

用于果园覆盖的生物制品来源广、种类多，各种作物秸秆与落叶、绿肥、杂草、堆厩肥、锯末及海草等生物产生的有机物都可因地制宜地加以利用。果园覆草一般在土壤化冻后进行，也可在草源充足的夏季覆盖。覆草的厚度要在20～30厘米。树下覆麦秸或杂草，第一年每667米^2 1 500千克，第二年1 000千克，第三年500千克，可保持覆草20厘米厚度。据生产经验，全园覆草不利于降水尽快渗入土壤，降水以蒸发方式消耗较多，因此生产中提倡树盘覆草。具体做法是：覆草前在两行树中间修筑30～50厘米宽的畦埂或作业道，树畦内整平使近树干处略高，盖草时树干周围留出大约20厘米的空隙，以便降雨后水沿树干和畦尽快渗入土壤。

4. 苹果园有机肥料的选用及施用方法？

基肥主要施用迟效性肥料，如厩肥、土肥、熏肥、秸秆肥和饼肥（需腐熟）等有机肥料。这些有机肥料在肥效发挥快慢方面是有差异的。此外，还有迟效性化学肥料，如过磷酸钙、磷矿粉等。施用迟效性化学肥料，如过磷酸钙等，要与有机肥料混合沤制，减少土壤对磷的固定。

主要采用挖沟施入和普撒翻入 2 种方法。施用基肥可结合园地深翻换土，将肥料与表土混合或分层施入沟的中下层，经 2～3 年树冠下和株间普挖 1 遍后，再采用行间挖沟的施入方法。当全园土壤普挖 1 遍后，可采用地面普撒翻入地下的方法。如树体需更新时，再从行间挖沟施肥，使地上部与根系同时更新。

在施肥时间上主要在 9 月下旬至 10 月上旬施用。这段时间苹果树根系有 1 次生长高峰，施肥后根系伤口愈合快，部分肥料被吸收利用，可以促进当年后期叶片的光合作用，有利于生产、储备翌年春季用于根系、枝叶生长和坐果的营养物质。施入的肥料，经秋冬的分解翌年发芽后树体能及时吸收利用。而春施基肥，根系伤口不能尽快愈合，肥料不能被及时吸收利用，夏秋肥效发生作用，造成新梢二次旺盛生长，影响苹果花芽分化和果实发育。但在肥源不足的果园，施用基肥的时期可推迟到初冬上冻前和早春发芽前。

5. 怎样进行地下追肥？

(1)追肥的时期 根据不同经济年龄时期所要达到的预期目的来确定。扩冠期，为了促进枝条生长，应在新梢生长前(3 月份)和旺盛生长期间(5 月份)进行追肥，以氮肥为主。扩冠期的最后 1 年和压冠期，为了促进花芽形成和提高坐果率，达到以果压冠的目的，于开花前(宜早不宜迟)、花芽分化前(春梢将近停长)和秋梢停长后(或采收后)追肥。追肥的种类，前期以氮肥为主，后期氮、磷、钾肥配合使用。丰产期，结果量逐年增多，为了解决结果和生长的矛盾，确保连年丰产优质，对挂果多的树要增加追肥次数，除在开花前、花芽分化前和采收后进行追肥外，还要在果实速长期追肥，追肥种类，前期以氮、磷肥为主并配合施钾肥，后期增施磷、钾肥，少施氮肥。

(2)追肥的种类 氮肥有尿素、硫酸铵等；磷肥有过磷酸钙等；钾肥有硫酸钾、窑灰钾肥等；氮、磷肥有磷酸一铵、磷酸二铵等；磷、钾肥有磷酸二氢钾等；多元素肥料有钙镁磷肥、腐熟的人畜禽粪尿、沼渣沼液等。

(3)追肥的方法 经翻刨树盘的园地，可在树冠范围内撒施，一般情况下采用小穴追肥法，即在树冠范围内用铁锨挖深度 10 厘米左右的浅坑，每株 6～10 个，将肥料撒入坑内，填平，浇水。

6. 怎样进行叶面喷肥?

叶面喷肥简单易行，用肥量小，发挥作用快，能及时满足果树对肥的急需，并可避免某些营养元素在土壤中发生化学和生物固定。在缺水季节或缺水地区以及不便施肥的山坡果园，效果更佳。但叶面喷施并不能代替土壤施肥。据报道，叶面喷氮素后，仅叶片中的含氮量增加，其他器官的含量变化较小，说明叶面喷氮在转移上还有一定的局限性，因此叶面喷肥仅能起到补充作用。叶面喷肥主要是通过叶片上的气孔和角质层首先进入叶片。一般喷后 15 分钟至 2 小时即可被果树叶片吸收利用。苹果树喷尿素后，24 小时内吸收量可达 80%以上。一般情况下，幼叶较老叶、叶背较叶面吸收快，吸收率也高，不仅如此，枝条、新梢也有吸收能力，因此，在喷施时一定要均匀，特别是叶背更要喷到，以利吸收。喷布时间最好在上午 10 时以前和下午 4 时以后，以免气温高，溶液很快浓缩，影响喷肥效果或导致肥害。

喷肥一般在生长季节进行，如开花前、落花后、成花前、果实速长期及采收后，若各个时期均能喷布 1～2 次，则可收到良好的效果。各种肥料以单独喷布效果较好且安全，但也可与一些药剂混合喷布，如尿素可与波尔多液等农药混合喷布等。肥料与其他农药混喷时，为了避免造成不应有的损失，应事先进行混合喷施试验，1 周内无药害并不降低药效时，再进行大面积喷施。当表现出微量元素缺乏症时，要及时喷布微肥，如缺铁可于生长季节多次喷施硫酸亚铁或柠檬酸铁，也可在发病初期对幼叶喷施硝基黄腐酸铁1～2次；缺锌可于发芽前、后喷布硫酸锌液；缺硼时，在可开花前、盛花期或落花后喷布硼砂或硼酸等。

7. 怎样施肥才能有利于花芽形成和提高坐果率？

通过施肥促进花芽形成和提高坐果率，可从以下3方面入手：

(1)施肥时间 苹果花芽分化一般多集中在6～7月份，正值春梢缓慢生长或完全停止之时。因此，在5月下旬至7月上旬适量追施速效性化肥1～2次是很有作用的。据报道，盛果期的苹果树于花芽分化期追施氮肥（每株尿素1千克），对花芽分化具有明显效果；结果少的壮树或幼树，在花芽分化期间，增施磷、钾肥也利于花芽分化。对于施基肥的时期，同种同量肥料，秋施比春施可提高坐果率7.6%。

(2)施肥方法 据试验，在开花前或落花后叶面喷布尿素200～250倍液2～3次，或花期叶面喷布硼酸或硼砂200～250倍液，均可增加坐果50%左右。其效果好于地下施用。

(3)肥料种类 增施磷、钾肥对花芽形成和提高坐果率效果十分明显，研究结果表明（共设氮、氮磷、氮磷钾3种处理）：氮、磷肥混施比单施氮肥的，每株多成花9.6%，氮磷钾比单氮多5.7%；坐果率相应提高13.6%和7.8%；产量增长相应为33.7%和4.6%。

8. 为提高果品质量，在施肥中应注意哪些问题？

果品质量与土壤肥沃程度、地势、施肥等情况有密切关系，在施肥上应注意：

(1)肥料种类 一般情况下，增施有机肥料，不但能增产，还有助于提高果品质量。在追肥的种类中，增施磷、钾肥有利于提高果实品质，而氮肥适量可增大果个。微量元素肥料不可忽视，要根据当地缺素情况，及时施用微肥，以免出现缺素症。

(2)肥料比例 氮肥过多，果实品质恶化，着色不良，糖度低、风味淡。而磷、钾肥多些，则果实颜色鲜艳、糖分高、硬度大。在特殊情况下，如树势很弱或挂果较多，多施些氮肥，有利于恢复新梢正常生长，相应提高果品质量。

(3)施肥时间 基肥早秋施好于晚秋施和冬施。在基肥量相同时，连年施入要好于隔年施入。追肥，幼树宜于春梢停长前和秋梢停长后施效果好。前期施肥有利于短枝发育和顶花芽的形成，并能避免秋季徒长。大树，多在花前、花后、6 月份落果后和果实膨大期追肥。一般全年追肥 2～3 次。根外追肥一般在展叶后、叶幕较大时随喷药进行，全年可追肥 3～5 次。

9. 如何根据土壤分析法施肥?

通过土壤分析了解土壤的供肥量，再根据果树每年从土壤中吸收各元素的数量，扣除土壤的供肥量，确定合理的施肥量。其计算公式为：

施肥量＝(果树吸收元素总量－土壤供肥量)/肥料利用率

(1)果树吸收元素总量 苹果树的需肥情况，因树龄、结果量、树势等的变化而不同，还与肥料种类、土壤供肥状况有关。据研究，丰产期的苹果树，每生产 50 千克果实需从土壤中吸收氮 205.85 克、磷(P_2O_5)34.07 克、钾(K_2O)256.22 克。

(2)肥料利用率 施入的肥料，有的被土壤固定，有的分解挥发，有的被雨水冲洗而流失，只有一部分被果树吸收利用。被树体吸收的部分占施入量的百分率称为肥料的利用率。肥料的利用率受土壤条件、肥料性质、施肥方法、施肥时期等因素的影响。根据试验推算各种肥料的利用率：氮为 40%～50%，磷为 20%～30%，钾为 40%～45%，绿肥为 30%，圈肥、堆肥为 20%～30%，质量差的土肥为10%左右。

10. 如何根据形态诊断法施肥?

通过树体形态诊断可以直观地判断树体的营养状况。营养状况良好的苹果树叶大、厚而浓绿,新梢粗壮,芽体饱满。一般未结果的乔砧富士苹果幼树,外围新梢生长量为60～120厘米;成年的结果树应结果正常,品质好,外围新梢生长量应达30～45厘米,短枝具6～8片健叶,果台副梢20厘米左右,否则应查明原因,以便采取补救措施。

在某种元素缺乏或失调的情况下,往往在树体的外部形态上表现出一定的症状。由于各元素的生理作用和功能不同,其亏缺表现的形态特征也不相同。生产中常利用这种相关性判断树体的营养状况,如用形态诊断缺素症检索表进行诊断等(表3)。

表3 苹果树主要缺素症检索表

①病症限于新梢基部,或由老叶开始;
　②叶局部出现杂色斑或黄化;
　　③叶缘上卷发黄,叶面上有黄色或褐色斑点,有坏死。……… 缺钾
　　③叶淡绿色或白色,叶脉间黄化或淡绿色斑,无坏死。……… 缺镁
　②叶全部黄化,呈干燥或烧焦状,叶小,早落;
　　③叶淡绿色至黄化,叶柄、叶脉红褐色,小叶红紫色,叶柄与枝梢夹角小。……………………………………………… 缺氮
　　③叶暗绿色至青铜色,叶柄叶脉紫红色(春季可见)。……… 缺磷
　　③小簇叶,轮生,有花斑。………………………………… 缺锌
①病症限于幼叶,或由生长点、幼叶起始;
　②顶芽枯死,此前幼叶失绿,卷曲;
　　③叶尖钩状,叶缘皱缩,叶易碎裂。………………………… 缺钙
　　③叶皱缩,薄厚不均,叶脉扭曲,有小簇叶,枝有光腿现象。………………………………………………………… 缺硼
　②顶芽活着,顶叶芽黄化;

③幼叶黄化，有坏死斑，小叶脉绿色，似网状。……………… 缺锰

③幼叶无坏死斑，黄化；

④叶脉与叶脉间组织同色，呈浅绿色。不出现黄色或

黄白色。…………………………………………………… 缺硫

④叶脉绿色，叶片黄化至黄白色，严重时全叶失绿至

漂白色。…………………………………………………… 缺铁

11. 如何提高树体的储藏营养水平？

提高树体的储藏营养可以应用以下措施：

(1)后期追肥、早施基肥 在秋梢停止生长期追施或喷施氮、磷、钾肥，可以提高叶片的光合效能，增加同化营养；中晚熟品种采收后(9～10月份)施基肥，有利于断根愈合和根系的吸收，提高树体营养水平。

(2)加强病虫害防治 防止早期落叶，保持叶片完好。果实采收后，树体地上各器官的生长几乎停止，加之此时气温下降，呼吸消耗减少，同化养分多被贮存起来。所以，此期应加强防治早期落叶病、舟形毛虫等以提高同化养分。

(3)调整树体负载量 结果过多，会过度消耗树体营养，不利于储藏营养积累，因此前期要做好疏花疏果工作。

(4)控制枝条秋季生长 为减少新梢秋季生长消耗养分，幼树应注意摘心，后期控制浇水。

12. 什么是“三适一降”灌溉新技术？

“三适一降”灌溉技术即适时、适量、适位灌溉及降低耗水量技术。“适时灌溉”是根据盛果期树调亏灌溉下树体经流量的变化、耗水规律，进行适期灌溉；“适量灌溉”是根据不同土壤条件下不同补水量土壤水分的分布状态、品质优先条件下节水灌溉量与果品产量之间的关系及其调控指标体系适量浇水；“适位灌溉”是根据

不同土壤条件下根系的分布规律、控制性分根交替灌溉技术、树冠下不同位置的沟灌技术、保水剂的定位施用技术等进行适位灌溉；“降低耗水量技术”是采取降低叶片蒸腾的技术措施，提高水分生产效率，实施最佳树体结构、抗蒸腾剂的应用技术；采取降低地面蒸发技术，实施保水剂、分区交替灌溉技术、园区生草与覆草技术、保水剂加渗水膜、地膜覆盖定位扎孔、穴贮肥水技术等降低果园耗水量。

13. 如何做到“适时灌溉”？

在苹果的生长季节中，从花芽膨大到落花后 2 周是果实细胞旺盛分裂期，如果树体的水分供应不足，会影响果实的大小，所以这是第一次浇水关键时期，浇水的时间可以掌握在苹果萌动后到开花前，这也是开春后的第一水；6 月上旬至 7 月中旬进入花芽生理分化阶段，为了控制营养生长、促进花芽形成，这个阶段要适当控制水分供应，7 月上旬至 9 月中旬进入果实的速长期，是苹果需水的第二个关键时期，水分不足直接影响果实大小，所以这个阶段要保证水分的供应，而此时正值汛期，可以根据降雨情况确定是否浇水；9 月下旬至果实采收，此阶段果园浇水会影响果实的内在品质，果实采收后要立即浇水，确保树体储藏营养的积累。土壤封冻前后许多果园有浇冻水的习惯，此时由于地温较低，根系的吸收能力下降，浇水的作用不明显。

对于苹果幼树而言，主要目的是缩短缓苗期，以促进生长为主，因此在灌溉时期上要做到：萌芽前灌溉，保证萌芽和新梢生长对水分的需要；新梢速长期灌溉，促进新梢迅速生长；8 月份至 10 月上旬秋梢停长要适当控制浇水，使新梢及时停止生长，充实枝条和顶芽，以防冻害和抽条。

14. 如何做到“适量灌溉”和“适位灌溉”?

灌溉时如果浇水量不足,达不到苹果吸收根的主要分布区域,则达不到灌溉的目的;如果浇水量过大,过量的水成为重力水渗掉,不仅造成肥料损失,还会引起土壤结构变化,甚至出现生理性病害。据测定,在土壤相对含水量25%左右时,浇水量50～100毫米为宜。当果园土壤相对含水量低于50%时,必须及时进行浇水。在苹果的需水临界期土壤相对含水量不应低于65%。

初果期苹果树和丰产期的苹果大树,在粉沙质壤土条件下在距树干50～120厘米的范围内吸收根较多,在黏土地果园,距树干40～90厘米部位吸收根较多,而树冠投影外沿不是吸收根最多地带;根系具有显著的趋肥、趋水性,在多年的施肥穴部位吸收根密集。根据初果期和丰产期苹果树根系的分布特点,果树萌芽至落花期、果实采收后浇水的位置应在距树干70～150厘米处,而其他季节浇水位置在距树干120厘米的范围内可保证灌溉水发挥最大的作用。

15. 如何做到“降低果园的耗水量”?

首先采用防渗暗渠或防渗管道输水;其次是采用主枝下垂、高干纺锤形、圆柱形等高光效树形;第三是利用修剪调节枝量,疏间密挤的大枝,合理配置各级骨干枝及枝组,充分利用空间,维持树势平衡,每667米^{2}保留枝量8万～10万个;第四是生长季节通过扭梢、拉枝、枝条软化、摘心等措施控制直立或壮旺枝的生长,疏间或极重短截徒长梢,疏间密挤的新梢,减少光合功能无效叶量,减少树体蒸腾;第五是果园覆草可以减少土壤水分的蒸发量,提高水分利用率,还有利于水土保持,减少地表径流,防止土壤冲刷,增加土壤有机质含量,促进土壤微生物的活动,提高土壤肥力;第六是在树体蒸腾量较大的6～9月份,每隔20天叶面喷布1次抗蒸腾剂。

16. 怎样进行果园沟灌?

沟灌就是在果园行间距主干 40～50 厘米至树冠外围开一条深 20 厘米左右的浇水沟，宽度依据土质、地面比降、浇水定额及树龄大小而定，行间留出作业道。苹果园沟灌是果园节水灌溉的新方法，其优点如下：

(1)投资小 采用沟灌不需增加果园设施，因此投入少；

(2)节水效果好 沟灌时仅灌溉苹果吸收根的集中分布区，使灌溉水能够发挥最大的效能。通常大水漫灌每次每 667 米^2 用水量 70 米^3 左右，沟灌比漫灌可节水 50%以上；

(3)沟灌可以防止土壤板结 沟灌时，灌溉水经沟底、沟壁渗入土壤，防止了土壤结构的破坏，使土壤保持良好的通气性能，有利于土壤微生物的活动，减轻大水漫灌引起的土壤板结；

(4)沟灌不容易传播病害 沟灌时水不直接流到根颈部，可有效防止根颈部病害经灌溉水传播。另外，沟灌果园树干周围的空气温度低，可以降低枝干粗皮病、树冠下部果实轮纹病等的危害；

(5)沟灌可以减轻盐碱对树体的影响 沟灌果园苹果吸收根主要分布在开沟处，根据水往低处流、盐往高处走的特点，吸收根主要分布区盐碱量较低，降低了盐碱对树体的影响；

(6)节约劳动力 由于沟灌避免了大水漫灌造成的土壤板结，因此有效减少了松土、除草用工，降低了生产成本；

(7)使自然降水得到高效蓄存与利用 我国北方地区，特别是缺雨的春季，每次降雨量多在 10 毫米以下，由于雨量小，雨水下渗不到根系的吸收区，而不能被树体吸收利用。沟灌果园使降水集中蓄存在灌溉沟内，增加了雨水的下渗深度。

17. 分区灌溉如何实施?

在株间和树冠外沿分别打垄,以株间为界把每一行树分成2个灌溉区,灌溉时采用分区交替灌溉。分区灌溉的优点如下:

(1)投资少,技术简单 不需增加灌溉设施,因此投资少,果农易于接受和掌握;

(2)节水 较漫灌浇水面积减小,浇水量较漫灌节水40%~50%;

(3)降低蒸散量 因土壤湿润面积的减小,降低了地表土壤水分的蒸发量;未灌溉区域的根系为树体提供水分亏缺的信号,降低了树体的蒸腾量;

(4)防止根系的木栓化 通过采用分区交替灌溉以及灌溉树冠外围根系后水分在根系内的传导,解决了根系长期处于重度干旱胁迫下,加重根系木栓化的问题;

(5)提高肥料的利用率 将速效水溶肥料施于浇水与非浇水临界区,可减少因灌溉引起的肥料向深层渗漏损失;

(6)提高了雨水的利用效率 在降中雨或大雨时,未灌溉区的集雨能力大大增强,在浇水区促进雨水向未灌溉区的水平渗透,因此降低了雨水的地表径流和深层渗漏。

18. 什么是小管出流灌溉?

(1)小管出流田间浇水系统的组成 小管出流灌溉系统由干、支、毛管道及渗水沟组成。干、支、毛管采用PE塑料管,为了减缓老化、延长使用寿命、方便果园田间管理,均埋于地表以下,小管灌水器在渗水沟内露出10~15厘米。渗水沟的作用是把水均匀入渗到果树四周的土壤中,渗水沟可以绕树修环状沟,也可以顺树行挖直沟,未成形的幼树或丰产期的稀植树多采用环状沟,密植苹果园采用顺树行挖沟,株间用土埂隔开,沟的位置与宽度视根系的分布而定。小管出流灌溉系统采用超大流道，用直径 4 毫米的 PE 塑料小管代替微灌滴头，与输水管道、田间渗水沟形成微灌系统。

(2)小管出流浇灌系统的特点 小管出流灌水器的流道直径比滴灌灌水器的流道直径(一般直径为 0.5～1.2 毫米)大得多，解决了灌水器易于堵塞的难题；小管出流为局部灌溉，只湿润渗水沟两侧的土壤，水的利用率高，而且是管网输水，没有输水渗漏损失；果树施肥时，可将化肥液注入管道内随灌溉水进入土壤，提高了劳动效率。

19. 干旱地区怎样采用简易蓄水袋蓄水?

简易蓄水袋是一种简易高效蓄水设施。结构简单，在土层深厚的高地或山坡梯田的果树行间，挖宽 1～2 米、深 1～2 米、长 30～50 米的水平沟，用铁锹铲平四壁和底面(不能有扎破塑膜的硬物)，埋筒形塑膜袋(袋厚 0.88 毫米，筒周规格等于沟深加宽的 2 倍，长比沟长多出 2.5 个沟深)，放置沟内跷起两头，雨季或用地表径流，或用截浅流，或用扬水站的水蓄满袋后用绳捆紧两头，然后用水泥板盖顶或用木棒秸秆棚顶并覆土防冻，这样闭光蓄存，水质长期不变，不冻、不漏、不蒸发。但必须注意蓄水袋不能有损伤破口，蓄水期间还要严防鼠害。根据试用情况分析，蓄水袋在地下闭光蓄水与空气隔绝，老化速度极慢，如无机械损伤，可以连续使用 5 年。

20. 果园排水设施有何意义，如何实施?

排水是解决土壤中水分和空气的矛盾，以及防涝保树的主要措施。如果果园排水不良、土壤水分过多、氧气不足，会抑制根系的生长和吸收功能，造成“生理干旱”，甚至引起根的大量死亡。此外，土壤水分过多、通气不良，还会抑制好气性细菌的活动，影响营养元素的吸收；同时，也会使土壤中氧化还原电位低，产生有害的还原性物质，如硫化氢、甲烷等，它们对根系有毒害作用。另外，果园排水不良易引起土壤盐渍化，影响苹果树的正常生长和结果。

在果园设计时，应根据果园的具体情况，妥善安排排水系统。对缺乏排水系统的现有果园，应积极采取补救措施，尽量减少因涝害造成的损失。平原果园或盐碱较重的果园，可顺地势在园内及四周修建排水沟，把多余水顺沟排出园外；也可采用深沟高畦（台田）或适度培土等方法，降低地下水位，防止返碱，以利雨季排涝。山地果园要搞好水土保持工程，防止因洪水下泄而造成冲刷。涝洼地果园，可修建台田或在一定距离修建蓄水池、蓄水窖和小型水库，将地面径流贮存起来备用或排走。由于地下不透水层引起的果园积水，应结合果园深翻打通不透水层使水下渗。

21. 什么是起垄覆膜技术？

果园进行起垄覆膜，可集蓄降雨、抗旱保墒、增产提质，具体方法为：根据树冠大小确定起垄宽度，垄的边缘与树冠外沿齐平。顺行向树盘起垄，垄面以树干为中线，中间高两边低，形成斜坡，垄面高差 15～20 厘米。树干周围根颈部 3～5 厘米处不埋土。垄面起好后，需将土块耙碎整平，然后覆膜，以黑色地膜或园艺地布为宜。覆膜时要紧贴垄面，膜两侧边缘埋入土中 5 厘米左右，同时用细土压实，如覆盖园艺地布，可用地钉固定。膜覆好后，在垄面两侧地膜边缘沿行挖宽 30 厘米、深 40 厘米的集雨排水沟，沟底要平直，便于雨水分布均匀。在集雨沟内可覆盖作物秸秆，厚度 25 厘米左右，用土压埋。

起垄覆膜的好处：可有效保持土壤水分，防止水分蒸发，节水效果好；提高地温，促进树体生长，增产提质；防止杂草生长；改良土壤，提高肥料利用率；覆膜能有效防止食心虫、金龟子等害虫入土越冬，减少翌年虫口密度。

22. 山区如何蓄存天然降水？

(1)片麻岩、花岗岩山体自然降水的蓄存技术 片麻岩结构的山体土层分化深、质地粗、渗水快，非特大暴雨难以形成地表径流，但下雨后浅层土壤饱和水充足，据此特点除山坡挖鱼鳞坑种植果树外，还应建立拦、蓄、输水工程，主要包括以下内容：

第一，沟谷建固防坝拦蓄地面径流，防止水土流失。

第二，在不同高度的沟谷上选择土壤饱和水流汇聚集中的位置建截浅流塘坝，拦蓄控山水。截浅流塘坝建在山旱地果园上部、土壤饱和水流汇聚集中的沟谷中。拦截坝宽 1 米、高 2 米、长 15 米，水泥结构。蓄集的雨水蓄存于密封拦蓄池中。输水管道用 4 毫米的硬塑料管。截浅流的位置较高，比果园最上部一排蓄水池高 10 米，便于自流输水。

第三，在山顶、梁、垴、坡、洼、沟谷适宜地点建大、中、小型地下密封蓄水池、蓄水袋蓄存地表径流和截浅流拦蓄的控山水。

第四，在山下沟谷控山水小溪汇合处建小型水库。

第五，建扬水站、埋设输水管道连接水库、蓄水池、截浅流池塘，并与膜下管注或微喷等灌溉方法构成蓄节灌体系。

(2)石灰岩基质山体自然降水蓄存技术 石灰岩结构的山土层分化浅，质地细，渗水慢，降雨时易形成地表径流，在适当位置修拦径沟拦截径流存入蓄水池或蓄水袋，干旱季节用于灌溉。

三、整形修剪

（一）关键技术

1. 不同年龄阶段的管理要点

根据苹果一生的生长发育特点，可将其划分为扩冠期、压冠期和丰产期3个经济年龄阶段。

（1）扩冠期 一般将栽植后至3年生左右的时期定为扩冠期。这个阶段的主要任务是缩短缓苗期，促进旺盛生长，并在扩冠期的最后1年形成一定数量的花芽。此期要建成一个具有一定枝叶量及花芽的群体。因此，这段时间以促进生长为主，通过采用综合管理技术，使之健壮生长，多出分枝，增加枝叶量，为选择和培养骨干枝打好基础，并在此阶段的最后1年采用长放、环刻、拉枝、环剥等成花措施，使之形成一定数量的花芽，为进入压冠期做好准备。

（2）压冠期 从4～5年生开始，直到叶幕布满有效空间，幼树的贪长习性减弱，生长与结果相适应为止，一般延续至10年生左右。这个阶段，幼树贪长习性较强，影响幼树的成花和坐果，树冠扩展迅速，易出现全园郁闭现象。据此特点，这个时期的主要任务是控制生长，并使之多成花多结果，以果控制幼树的贪长习性，使生长和结果相协调，以果压冠；并通过修剪的方法使树冠保持一定的高度和大小。同时，此期还要逐年清理辅养枝并继续完成树体的整形。

压冠期是苹果密植栽培早果、丰产的关键时期。压冠过早、过重，易形成“小老树”，不易丰产；压冠过晚，树体生长过大，易造成全园郁闭。因此,适时采用压冠的管理技术非常重要。据试验分析,乔砧密植苹果,3 米×5 米株行距,当大于 50 厘米的枝量超过 10 个以上时,第二年即可开始进入压冠期。

(3)丰产期 到 10 年生左右经"以果压冠",幼树的贪长习性减弱,树势趋于缓和,进入丰产期。这个时期的主要任务是调整生长与结果的关系,使之相互适应,达到连年优质高产的目的。此期应加强以土肥水为中心的综合管理,使之合理负载,延长丰产期的年限,以便获得较高的产量和收入。

以上各个年龄阶段不能截然分开,相邻的两个年龄阶段相互交错。另外,由于栽植距离、采用的品种与砧木、栽培管理技术不同,也能导致进入不同年龄阶段的树龄差异。

2. 常用的树形及树体结构

目前,生产中常采用的树形有细长纺锤形、自由纺锤形等。

(1)细长纺锤形树体结构

①**树体结构** 中心干直立;树高 2.5 米,冠径 1.5～2 米,干高 60～70 厘米,中央领导干上均匀分布 20～30 个小主枝(侧生枝)。同方位主枝(两主枝投影夹角小于 30°)上下间保持 50 厘米以上的距离。主枝长 1 米左右,下部稍长,向上递减。主枝角度为 90°～120°,其上着生中、小枝组。主枝与中央领导干的粗度比为 3∶7。整个树冠瘦长,呈细长纺锤形。

②**适宜的密度** 株距 1.5～2 米,行距 3.5～4 米,每 667 $米^2$ 栽树 83～127 株。

③**适宜的品种与砧木** 短枝型品种或矮化砧木品种。

(2)自由纺锤形树体结构

①**树体结构** 干高 60～80 厘米,树高 3 米左右。中央领导干直立,其上分布 10～15 个小主枝,向四周延伸,无明显层次。同方位上下枝之间保持 50～80 厘米的距离,主枝角度 80°～90°,下层

主枝长1～2米。在主枝上配置中、小枝组。外观呈纺锤状。

②适宜的密度　株距2～3米，行距4～5米，每667米^{2}栽树44～83株。

③适宜的品种与砧木　短枝型品种或矮化砧木或乔化砧木普通型品种。

3. 整形修剪的原则

修剪时应以有利于早结果、优质、稳产，使树冠矮小和有利于机械化作业为原则。

(1)当前与长远相结合　苹果树修剪的适当与否，对幼树结果早晚、产量高低和结果年限的长短都有一定的影响，在整形修剪时要做到既考虑长远又照顾当前。如扩冠期的树，应以培养树形为主，但又要有利于早结果，以促进生长为主，增加枝量，为以后丰产打下良好的基础，不能只顾早结果，造成树体结构不良，骨架不牢，不利于以后优质、丰产；反之，若片面强调整形忽视早结果，不利于早期经济效益的提高，不利于缓和树势，容易造成密植园郁闭。到丰产期要兼顾生长与结果，达到结果适量、营养生长良好、果实品质优良、丰产期长的目的。

(2)轻剪与重剪相结合　修剪轻重一般用剪下来的枝量占修剪前树体的总枝量，即修剪量来衡量。实践证实，修剪量大有利于骨干枝的生长，而修剪量小则利于结果。修剪的轻重结合指同一株树的不同年龄阶段和同一株树的不同部位在修剪时都要有轻有重。例如，一般情况下扩冠期用短截重剪法，扩冠期最后1年及压冠期采用长放的修剪方法，丰产期采用放缩结合的轻剪法。

(3)冬剪与夏剪相结合　夏剪是指在冬季整形修剪的基础上，于春、夏、秋季对树体进行局部调控的总称。在苹果的年生长周期中夏剪技术主要有萌芽前对冬剪时的长放枝条进行多道环刻，解决长放修剪造成的长枝基部光秃问题；春季花前复剪，疏除冬剪时留下的过多花芽;5月份控制直立新梢的旺长、疏花疏果等;6月份环剥或环刻促进花芽形成;7月份拉枝开角;8～9月份适度秋剪,改善光照条件,促进果实上色等。这些措施可以解决冬剪时遗留下来的问题和冬剪不能解决的问题,并可减小冬剪的负面作用及冬剪工作量。

(4)原则与灵活相结合 由于砧木、树龄、树势及立地条件等差异,即使在同一园片内,树体间生长状况也不相同,因此在整形修剪时,既要有树形要求,又要根据不同的单株生长状况灵活掌握,随枝就势,因势利导,诱导成形,做到有形不死、活而不乱,绝不可生搬硬套、机械做形,以免造成修剪过重,延迟结果。

4. 基本修剪方法

修剪方式的综合应用即为修剪方法。苹果树的修剪方法因树龄、树势和花芽多少等因素的不同而异。常用的修剪方法有以下三类5种。

(1)长放法 多用于压冠期未结果的和结果少的壮树。即对密集处的辅养枝、直立枝、竞争枝进行疏间或回缩,其他枝一律长放。为了保证骨干枝正常生长,对层间(对有层间的树形而言)和主枝中、下部的辅养枝在生长季节采用拉枝、环剥等措施使之早结果抑制其生长。以后随着树势的缓和及结果量的增多,逐年疏间或回缩密挤的辅养枝打开层次,并通过落头的方法,使树高逐年降低,而达到标准树高。对于长放枝组要逐年回缩,使之长、短枝组相配合占满树冠。此法的修剪量较小,占全树枝量的10%左右。

(2)轻剪法 可分2种,即放截轻剪法和放缩轻剪法。

①*放截轻剪法* 适用于需扩大树冠又要求结果的壮幼树,即对主、侧延长枝及空处的1年生枝进行短截,并用回缩、极重短截、疏间或发芽后软化、拧梢等措施控制竞争枝,同时疏间或回缩过密枝和直立枝,其余枝一律长放。为了保证骨干枝正常生长,还需控

制辅养枝的留量，并在生长季节采用拉枝、环剥等措施控制其生长，以后随着树势的缓和及全树结果量的增多，要逐年进行疏间或回缩，以利通风透光。此法修剪量居中，占全树总枝量的20%。

生产中许多果园运用此修剪方法时，由于不注意控制竞争枝，造成长放的辅养枝过粗、过大，影响了主枝、中央领导干的生长，造成主次不分。对此类树需对大辅养枝回缩或疏除，或用辅养枝代替原选主枝的方法进行改造。

②放缩轻剪法　此法适用于丰产期的树，在大枝已基本固定的情况下，主要是对大小不同的结果枝组，根据生长势的强弱、空间的大小和花芽的多少，采用长放和回缩相结合的方法进行修剪；当花芽过多时，仍需短截长、中果枝。放缩法的修剪量居中，一般占全树总枝量的20%～30%。

(3)重剪法　有缩截重剪法和短截重剪法2种。

①缩截重剪法　适用于小老树、移植树和衰老期的树。即对这些树的大枝、中枝和枝组进行不同程度的回缩和疏间；对外围延长枝按主从关系在饱满芽处剪截。缩截法的剪量大，占全树总枝量的50%～70%。

②短截重剪法　主要用于刚栽植的幼树和生长较弱的各时期的树。即除疏间直立及过密的枝条外，其余所有30厘米以上的枝条均按主从关系进行短截。较大的树还要回缩或疏间过密、直立的辅养枝及部分多年生枝，以调整生长和结果的关系。剪后层次较清，修剪量较大。一般占全树总枝量的30%～40%。

5. 冬季修剪的方式及主要作用

(1)短截　就是将1年生枝条剪去一段的方法。其主要作用是加强生长势及刺激侧芽抽生新梢。根据剪留枝条的长短，又可分为轻短截、中短截、重短截和极重短截4种形式。

①轻短截　在枝条上部短截，剪量为枝长的1/5左右，剪口芽

为次饱满芽,有促发中、短枝和缓和树势,促进花芽形成的作用。

②中短截 在枝条春梢中上部短截,剪量为枝长的2/5左右,剪口芽为饱满芽,剪后枝条的成枝力强。常用于培养骨干枝时延长枝头的修剪。

③重短截 在枝条春梢中下部短截,剪量为枝长的3/5~4/5,剪口芽多为次饱满芽,剪后可抽生1~2个旺枝,常用于培养紧凑枝组。

④极重短截 只留下枝条基部2~3个瘪芽进行剪截。枝量较大的树,部分枝条极重短截,剪口下抽生1~2个中庸枝或弱枝,常用于削弱枝势、培养小型枝组和补充空位。培养圆柱形或自由纺锤形的1~2年生幼树,对生长过壮的侧生枝进行极重短截,可以保证中央领导干的生长优势,剪口下的芽可抽生角度较大的长枝,这类枝条容易培养成符合树形要求的主枝。

(2)回缩 对2年生以上的枝在分枝处将上部剪掉的方法叫回缩。此法一般能减少母枝总生长量,促进后部枝条生长和潜伏芽的萌发。回缩越重,对母枝生长抑制作用越大,对后部枝条生长和潜伏芽萌发的促进作用越明显。但若在生长季节进行,则对生长和潜伏芽的促进作用显著变小。回缩主要用于控制辅养枝、培养枝组、平衡树势、控制树高和树冠大小、降低株间交叉程度、骨干枝换头、弱树复壮等。另外,对串花枝回缩可以提高坐果率。

(3)疏间 将过密枝条或大枝从基部去掉的方法叫疏间。疏间一方面去掉了枝条,减少了制造养分的叶片,对全树和被疏间的大枝起削弱作用,并减少了树体的总生长量,且疏枝伤口越多,削弱伤口上部枝条生长的作用越大,对总体的生长削弱也越大;另一方面,由于疏枝使树体内的储藏营养集中使用,故也有加强现存枝条生长势的作用。

综上所述,短截、回缩、疏间的修剪方式对整体和局部的作用基本相同,在应用过程中,应相互配合、综合运用。

(4)长放 对1年生长枝不剪，任其自然发枝、延伸叫长放或称为甩放、缓放。一般应用于处理苹果旺幼树或旺枝，可使旺盛生长转变为中庸生长，增加枝量，缓和生长势，促进成花结果。长放平斜旺枝效果较好，长放直立旺枝时，必须压成平斜状才能取得较好的效果。为了多出枝，克服长放枝条下部光秃的现象，迅速缓和生长势，在长放枝上配合刻芽、多道环刻和拉枝等措施效果更好。

6. 夏季修剪的方式及主要作用

夏季修剪的方式有别枝、拉枝和软化、环剥、刻伤、拧梢、摘心等。

(1)别枝、拉枝和软化

①别枝、拉枝 在发芽前后，将直立长放旺枝，从基部向下或左右弯曲，别在其他枝下叫别枝；若用绳等牵拉物下拉固定则为拉枝。二者都能起到增大分枝角度，控制枝条旺长及促进发枝的作用。别枝和拉枝一般于6～7月份进行。主枝拉成80°～90°，辅养枝拉成水平。拉枝有利于降低枝条的顶端优势，提高枝条中、下部的萌芽率，增加枝量及中短枝的比例，解决内膛光照及缓和树势、促进花芽形成等。

②软化 发芽后对较细的1～2年生直立长放枝，用手握住枝条自下而上多次移位并轻度折伤，使之向下或左右弯曲。软化能起到控制旺长和促发分枝的作用。对长新梢于6～8月份进行软化，可加大角度，控制生长。

上述别枝、拉枝和软化等措施均可开张角度。除此之外，其他开张角度的方法还有棍撑、活支柱、开角器(W铁丝)撑角和里芽外蹬等方法。

(2)拧梢 在生长旺盛的新梢半木质化时(5月中下旬)，于新梢基部5厘米左右处用手向下拧、转90°～180°，使新梢由拧处变为下垂或平生。拧梢能起到控制新梢旺长、促进顶部花芽形成和培养小型结果枝组的作用。拧梢多用于苹果壮幼树，但不宜过多采用，以免枝叶密挤影响通风透光。对元帅系等不易成花的品种，可于翌年春剪去拧梢枝拧转处上部相当于直径 1/3 的组织，减弱拧梢枝的生长势，促进花芽形成。

(3)摘心 就是在生长季节将新梢顶端摘掉的方法。对生长壮的苹果幼树，在 5 月下旬，新梢长到 50 厘米左右时摘心，可促进抽生二次枝(副梢)，增加枝级，加速扩大树冠，促进花芽形成和提早结果。对于旺长的幼树，在 9 月份秋梢停长前摘心，能促进组织成熟，增加树体的抗寒性。对直立、竞争新梢宜于 6～8 片叶时摘心，待其发出的二次枝又长出 6～8 片叶时再摘心，这样连续摘心有利于培养结果枝组。已结果的壮幼树，于 4 月下旬至 5 月上旬对果台副梢和壮梢摘心，对提高坐果率有显著作用。此法用于祝光和元帅系品种效果更明显。长富 2 号品种，在 5 月下旬至 6 月上旬对果台单长副梢留 20 厘米左右摘心，以及对果台双副梢疏除 1 个，另一个留 20 厘米左右摘心，可增大果重 18.7～29.1 克。

(4)刻伤 春季发芽前，在短枝或芽的上方 0.5 厘米处用刀或剪枝剪横刻皮层，深达木质部，长度为枝周长的 1/2，呈眼眉状，叫刻伤或目伤。在短枝或芽的上方刻伤，可以阻碍根部的储藏养分向上运输，使刻伤处下部的枝或芽得到充分的营养，有利于枝的生长及芽的萌发。因此，要想在中央领导干上某位置生出壮枝，在短枝或壮芽上刻伤即可。刻伤一般在扩冠期采用。

7. 结果枝组的培养方法

结果枝组是苹果树结果的基础单位。结果枝组的培养应根据枝条生长强弱、着生位置、空间大小以及品种的不同区别对待。从整体上看结果枝组有 2 种：即长轴结果枝组和短轴结果枝组。

(1)长轴结果枝组培养 对中心枝上或树冠外围生长较壮的 1 年生枝(包括小主枝和主、侧枝头)连续长放几年，经缓放形成花芽，开花结果后把长放枝压成平生或下垂的弓形，并在长放枝的中后部或弓背上抽生枝条，而后对长放枝的中后部或弓背上抽生的枝条再行长放，使其结果，再次下压。这样，即形成1个较大的长形或弓形的长放结果枝组，称之为长轴结果枝组。

长轴结果枝组的修剪方法有两种，一是压为平生的结果枝组，在一般情况下，长轴(原长放枝)上着生很多中、小型结果枝组，应在长轴的前部选择1个向前斜生的中型结果枝组为头，而后对长轴的原头进行回缩；同时，对其上密挤处和直立的中、小型结果枝组进行疏间或回缩，使之均匀分布、长短错开、健壮生长，从而培养成为牢固的长轴上有短轴的长形结果枝组；二是压成下垂弓形的长放结果枝组，在长轴后部的弓背上选择1～3个健壮、斜生的中型枝组，按主从关系进行轻度的回缩或短截，减少花芽量和结果量，使之旺盛生长，将其培养成牢固的结果枝组；同时，对长轴前部的下垂部分逐年进行回缩，直到选择的最后1个中型枝组代替原下垂的枝头为止。

培养长轴结果枝组的过程中，若在第一、第二年采用刻芽或多道环刻和开张角度的措施，可缩短结果枝组的形成年限。长轴结果枝组的优点很多，即：易培养、成形快、小枝多、结果早、产量高、剪口少，同时内部养分运输畅通、不易衰老、能较长时间担负较大的负载量，且有利于缓和树势，故特别适用于生长壮的幼树。

(2)短轴结果枝组培养 有3种培养方法。

①*先放后缩* 对生长中庸或较壮的平斜枝条进行长放，在见花或结果后再进行回缩，使之成为短轴结果枝组。回缩时要到分枝处，并要分期分批进行，对生长壮的树，切忌1年大量回缩，以免因引起徒长影响结果。

②*先截后放* 对1年生的中庸或较壮的枝条，按主从关系进行不同程度的短截，促其发枝，而后去强枝留弱枝，去直立枝留平斜枝。短截年限应根据情况确定，当枝的大小符合要求时，则进行

长放，见花见果后再回缩，将其培养成短轴结果枝组。

③连续短截　对1年生的中庸枝条，每年按主从关系进行短截，增加枝量，培养成短轴结果枝组。主要应用于生长弱的树。

以上培养结果枝组的方法，树势不同采用的方法各有侧重。生长较弱的树（外围延长梢年生长量30厘米以下）可采用先截后放或连续短截的方法培养短轴结果枝组；生长中庸的树（外围延长梢年生长量45厘米左右），以先截后放和先放后缩的方法培养短轴结果枝组为主，辅以长放的方法培养长轴结果枝组；生长壮的树（外围延长梢年生长量60厘米以上），以培养长轴结果枝组和用先放后缩的方法培养短轴结果枝组为主，部分用先截后放的方法培养短轴结果枝组。

8. 平衡树势的方法

一棵生长势正常的苹果树，树冠的枝量应均衡分布，主枝间与主枝前后部的生长势力相当。所谓平衡生长势则是用修剪的方法调整树冠的上部与下部、左部与右部、内部与外部的生长量、枝量及其从属关系。

平衡生长势的方法：

(1)加大强枝的角度，抬高弱枝的角度　在同层主枝强弱不均时，要适当加大强主枝的角度，并适当减少其上的枝、叶量，以控制其生长势力。对弱主枝则可用吊枝，或选用向上生长的旺枝作带头枝等方法，抬高其角度，以增强其生长势力。主枝前后不平衡，如造成外强内弱的，也可用加大主枝角度的方法，使之达到里外平衡。

(2)减少强枝枝量，增加弱枝枝量　对生长势强的骨干枝，用回缩或疏间的方法减小枝、叶量，相对延缓生长势。若在生长季节进行控制作用更大。对较弱的骨干枝，要多留枝、少疏枝，适当中短截，促使抽生分枝，尽快增加枝、叶数量，相对增强生长势。

(3)调整强、弱枝上的结果数量 强枝上尽量多留果,延缓强枝的生长势力;弱枝减少果实负载量,相对增强生长势力。

(4)生长势强的大枝,进行早期环剥(盛花期至落花后6天)控制其生长 平衡树势时要根据树势不平衡的原因、发生部位和不平衡的程度等,采取相应的方法加以处理。最好是上述方法综合应用。应用时要根据树势不平衡的具体表现,逐步处理,切莫操之过急,以免顾此失彼,造成新的不平衡。

(二)疑难问题

1. 如何培养细长纺锤形树形?

(1)定干 定干高度依苗木质量、立地条件等而定。一般定干高度100厘米,要保证剪口下有8个以上的饱满芽。定干较高的苗木,萌芽前从地面上60厘米处开始,至剪口下20厘米,长枝普通型品种每间隔3个芽目伤1个,短枝型品种每间隔5个芽目伤1个,共目伤2~3个芽。

(2)1年生树的修剪

①春季 萌芽后,抹除距地面60厘米以内的嫩梢。

②夏季 5月中旬,选第一芽萌发的新梢作为中央领导干的延长梢,如果第一芽梢生长较弱可用第二芽梢代替,并剪除第一芽梢;为保证第一芽梢的生长优势,对中央领导干上发出的第二芽梢采取重摘心或扭梢等措施控制其长势;在下部选留4~6个长势好、方位与着生位置错落有致的新梢作为主枝培养,选留的新梢(不含中央领导干的延长梢)若此期长到30厘米以上可以进行摘心,生长壮的新梢摘心重些,弱者摘心轻些或不摘心,以平衡选留梢的长势;8~9月份对选留作主枝的新梢进行软化或采取拉枝、用W形铁丝等措施开张其角度,使其保持在80°~90°。

③冬季(翌年早春,萌芽前) 中央领导干延长枝在饱满芽处

进行轻短截，并使株与株之间的高度保持一致；从地面上 60 厘米处开始，按方位错开、着生点分散的原则选留主枝，全树选 4 个左右。选留的枝条留 1～1.5 厘米进行极重短截，其他枝条一律疏除。

(3)2 年生树的修剪

①春季　萌芽前后，对中央领导干延长枝从基部 20 厘米至剪口下 20 厘米之间，每间隔 3 个芽目伤 1 个，以提高萌芽率，控制枝条长势。萌芽后，抹除距地面 60 厘米以内的嫩梢。

②夏季　对主枝背上的生长旺梢、中央领导干延长枝上的第二芽萌发的新梢及其他竞争梢进行疏除或拧梢。9 月上中旬把中央领导干延长枝下部的所有新梢拉平。

③冬季　采用长放修剪方法，即对密集处的辅养枝、直立枝、竞争枝进行疏间或回缩，其他枝一律长放。

(4)3 年生树的修剪

①萌芽前后　最上 1 个主枝的着生高度没有达到 2.5 米的，对中央领导干的延长枝继续目伤，其余长放枝条进行多道环刻；最上 1 个主枝的着生高度达到 2.5 米的树，对所有冬剪保留的长放枝进行多道环刻。

5 月上旬，喷 40%乙烯利 200 倍液，有抑制新梢生长、增加枝量、改善枝类组成、促进花芽形成的作用。

5 月中旬对主枝上部萌发的直立梢进行拧梢。

6 月份对徒长枝、直立枝、过密枝本着去强留弱、去叶留花、去长留短的原则进行处理。酌情采用环剥或环刻等促进花芽形成的措施。

7 月份对所有主枝进行拉枝，使其角度保持在 80°～90°。

②冬季修剪　采用长放修剪法。即将主枝上距中心干较近或周围中、短枝较多的徒长枝和生长较壮的长枝(30 厘米以上)进行疏除，缺枝处对徒长枝或长枝留 3 厘米进行极重短截，以便翌年抽

生弱枝补充空间；较弱的长枝（30 厘米以下）甩放不剪，翌年结果或培养小型长放结果枝组；中央领导干延长枝不短截，若最上一个主枝的高度不足 2.5 米，选中央领导干延长枝下部的 2～4 个方位较好的枝条不剪，翌年培养成新的主枝，其余枝疏除。

(5)4 年生以上树的修剪　修剪方法与 3 年生树基本相同。但应注意：

①调整主枝的距离、方位、角度与数量　当某个部位主枝少出现空位时，可将密挤处的主枝通过支、拉、别、压等方法，调整主枝的方位，补充空位，也可通过培养长放枝、缺枝处目伤出枝再培养等方法增加主枝的数量；主枝过多、过密造成通风透光不良的，应采用拉枝的措施使主枝扭转到缺枝处或用疏间等方法，减少主枝的数量，最终使主枝的数量控制在 18 个左右。

②利用长放、回缩等方法进行小型结果枝组的培养与更新　即将主枝上的中庸长枝长放，当年培养成小型的长放结果枝组，翌年结果后视枝组的大小进行适度回缩，促使枝组下部出枝，以后再回缩，经 3～4 年培养成短轴结果枝组。

③落头　当树高超过标准时，应进行适当落头。落头高度以 2.5 米左右为宜，落头时要留跟枝。

④主枝的更新　主枝长 1.5 米左右，基部周长 6～15 厘米，与着生处中央领导干的粗度比为 3∶7 时结果良好。过粗过长易引起交叉郁闭，应进行调整与更新。普通型品种可用主枝中下部较大的枝组替代原枝头。短枝型品种可将主枝前部的长放枝条，秋季顺直绑缚到主枝上，翌年培养成新枝头，冬季将原头疏除。主枝更新要有计划的进行，每年选最粗、最大的更新 1～3 个。一次更新过多，会影响当年产量，也不利于树势稳定。

2. 如何培养自由纺锤形树形？

(1)定干　定植后定干，定干高度为 80～100 厘米。

(2) 1年生树的修剪 于萌芽前后进行目伤，从地面上60厘米处开始，长枝普通型品种每间隔3个芽目伤1个，短枝型品种每间隔5个芽目伤1个，共目伤2～3个芽，以提高萌芽率，增加枝量；5月中旬，抹除距地面50厘米以内的嫩梢，对第二芽梢进行拧梢，控制其生长；夏、秋季对新梢拿枝软化，使之角度为70°～90°，特别注意控制竞争枝。由于苗木质量及管理技术的差异，秋后幼树可分为3类，每类树的特点及修剪方法如下：

第一类长势壮、枝量大、长枝多的幼树。冬季疏除主干上距地面50厘米以内的枝条；在50厘米以上的长枝中，选留6～7个长势均衡、方位较好的枝条，其中3～4个为主枝、1～2个为辅养枝，对留下的枝条一律长放，其他的长枝疏除。中央领导干延长枝长势若弱，用下部竞争枝换头，否则应疏除竞争枝。中央领导干延长枝进行短截，剪留长度为50～60厘米。

第二类幼树长势比第一类稍弱，枝量为5～6个，并且长枝少。冬剪时疏除竞争枝，选择3～4个方位好、长势壮的长枝在饱满芽处中短截，以促发长枝，对中央领导干延长枝在饱满芽处中短截，其余中庸枝缓放。

第三类幼树长势弱，枝量少，并且长枝更少。冬剪时疏除竞争枝，留下的长枝留1～1.5厘米极重短截，促使第二年重新发枝，对角度大的中庸枝缓放。

(3) 2年生树的修剪 对于第一类树，萌芽前后拉枝，使各枝处于近水平状态，辅养枝甚至可以下垂，主枝、辅养枝多道环刻；5月上旬至6月上旬主枝、辅养枝上的直立梢进行拧梢，疏除主干上距地面50厘米以内的萌蘖。主枝基部背上直立旺梢和过密梢适当疏间，其他壮梢进行扭梢或摘心。扭梢、摘心后再萌发的枝条再扭梢、再摘心。秋季对中央领导干上发出的新梢拿枝软化，使之趋于水平。冬剪时采用长放的修剪方法，即对上年留下的主枝、辅养枝仍长放，主枝上的过密枝适当疏间，对两侧生长过旺的1年生枝要疏除或重短截，中央领导干上再选 3～4 个主枝、1～2 个辅养枝，疏除直立旺枝、竞争枝。中央领导干延长枝留 50～60 厘米短截。

对于第二类树，冬剪时疏除第一层主枝上的背上直立枝，对主枝延长枝的竞争枝疏除或极重短截，延长枝头缓放。疏除中央领导干延长枝的竞争枝，中央领导干延长枝留 50～60 厘米短截，在中央领导干上再选留 2 个主枝、1～2 个辅养枝。

对于第三类树，冬剪时基部选留 3～4 个长枝作为主枝、1～2 个作为辅养枝，疏除直立旺枝，对于留下的枝长放不剪。在中央领导干上再选留 2 个主枝、1～2 个辅养枝，疏除中央领导干延长枝的竞争枝，中央领导干延长枝留 50～60 厘米短截。

通过 1 年的调整，第二、第三类树可以与第一类树采取同样的修剪方法。

(4) 3 年生树的修剪 6 月中下旬对 2 年生主枝、辅养枝采取环剥或环割措施，控制下部枝的长势，促进花芽形成，其他夏秋措施同 2 年生树；冬剪时应注意平衡树势，防止上强下弱。中心干上继续选留 3～4 个主枝，1～2 个辅养枝。要求同侧主枝间距在 60 厘米以上，中心干延长枝继续留 50～60 厘米短截，其他措施同第二年。

(5)第四年夏秋剪 同第二、第三年，冬剪时树高已达 3 米左右，中央领导干延长枝可缓放，主枝数目已达 10～15 个，整形任务基本完成。

(6)自由纺锤形在整形过程中要注意以下几个问题

①*基部留枝量* 纺锤形树形要求中央领导干直立且生长势强，而基部留枝量的多少对中央领导干的生长势有极大影响。如果基部留枝量过多，且生长势较强，会造成中央领导干长势弱，影响该树形的成形。如果留枝量过少，会造成基部各枝粗壮，不符合该树形的要求，并且影响前期的产量。基部留枝量在早期以 5～6

个为宜，其中主枝3～4个，辅养枝1～2个。大量结果后辅养枝要逐年回缩直至疏除，最后控制在1～4个。若大枝偏粗，应采取加大角度，减少大枝上的枝量，或在大枝基部环剥等措施控制其长势。

②平衡树势　此树形要求中央领导干强、直立，主枝不宜过大，形成狭长的树形，以适应密植的要求。主枝之间大小比较均匀，相差不明显，但要求基部比上部稍强，从基部向上依次减弱。主枝在中央领导干上均匀分布，枝多而不能密挤。在修剪过程中，要及时控制竞争枝，一般不用竞争枝作主枝，以免生长过大。其他主枝要开张角度，以控制主枝的粗度和大小。若某一主枝过强，虽经控制也未能减弱生长势而造成下强上弱或偏冠时，应疏除过强主枝，以较中庸的枝来代替主枝。

3. 如何确定冬季修剪的方法？

确定冬季修剪方法要考虑树体所处的年龄阶段、树势等因素。

(1)经济年龄阶段

①扩冠期　栽植后至3年生左右。栽培管理的目的是缩短缓苗期，促进旺盛生长，最后1年形成一定数量的花芽。此期宜采用短截重剪修剪法。

②压冠期　4～5年生到叶幕布满有效空间，幼树的贪长习性减弱，生长与结果相适应为止，一般到10年生左右。栽培管理的目的是控制生长，完成树形，多成花多结果，以果控制幼树贪长(以果压冠)，使生长和结果相协调，逐年清理辅养枝、控制树高，完成树形。此期宜采用长放修剪法。

③丰产期　从10年生左右开始，经以果压冠后，树势趋于缓和。这个时期的主要任务是调整生长与结果的关系，使之相互适应，达到连年丰产的目的。此期宜采用放缩轻剪修剪法。

(2)树势　用外围延长梢长度与枝量来衡量。中庸树宜采用轻剪修剪法;壮树宜采用长放修剪法;弱树宜采用重剪修剪法。

4. 如何确定冬季修剪量?

每一种修剪方法都有一个适宜的剪量范围,长放法的剪量小于10%;放截轻剪法剪量为20%,放缩轻剪法剪量为20%~30%;缩截重剪法剪量为50%~70%,短截重剪法剪量为30%~40%。在每种修剪方法允许的范围内,根据下列因素适当调节修剪量。

(1)品种特性 易成花的品种,如金冠等剪量宜大些;不易成花的品种,如元帅等剪量宜小些;介于二者之间的品种,如富士等可取剪量范围内的中间值。

(2)花芽量 花量较大的树,剪量宜大些;花量较小的树,剪量宜小些。

(3)树势平衡状况 树势平衡指上下平衡、里外平衡与左右平衡3个方面,它决定着局部的剪量。生长壮的部位剪量要大些,生长弱的部位剪量要小些。

5. 秋季修剪有什么作用? 应注意什么问题?

秋季修剪,一般指在8月份至11月份落叶前的修剪。秋季修剪因地区不同而异。例如,山东省果树研究所在邹县白塔寺密植园试验,8月上中旬在夏剪疏间或回缩过密枝的基础上,对新梢进行戴帽(春秋梢交界处)和轻剪,有缓和生长势、抽生二次枝、促进花芽形成的作用。据调查,在3年生国光品种上,214个秋剪枝形成236个二次花枝,平均每个秋剪枝形成1.1个花芽,而对照仅为0.05个。据1978年和1980年的调查,国光秋剪促生二次花枝占总顶花芽数的85%~98.2%,1979年占90%左右。红星和金冠的二次花枝比例占60%~90%。

对树冠较大、近于搭接、花芽较少、生长势仍较强的密植苹果树可进行秋剪。若在 7 月下旬至 8 月上旬回缩或疏间过密枝组，疏间或极重短截密挤和直立新梢，对外围的长新梢，按主从关系进行短截，可减缓树冠扩展速度，增加枝量，减少冬剪量，缓和树势，使之多成花、多结果，进一步控制树冠的生长。

6. 如何根据修剪反应判断修剪量是否适宜?

经过冬季修剪的苹果树，可以用第二年的修剪反应来判断冬季修剪量是否适宜。观察修剪反应的部位是骨干枝的 3 年生枝段，而修剪反应的指标是 3 年生枝段上的分枝情况，和其上的 1 年生枝的生长长度。当 3 年生枝段上萌生的枝条多数为中、短枝，1 年生枝的长度显著短于延长枝，并且抽生有部分叶丛枝时，说明前数年的修剪量比较适宜，当年可以继续沿用；当 3 年生枝段上仅生有一串叶丛枝，而且这些叶丛枝又只生有几片小叶时，说明前数年的修剪量过轻，当年要适当加重修剪程度；当 3 年生枝段上的 1 年生枝长度与延长枝相近或超过延长枝，并且抽生出几个中、长枝条时，说明前数年的修剪量过重，当年要适当减轻修剪程度；根据上述反应来判断修剪量时，比较适用于苹果幼树、初果期树和盛果前期的树。对于盛果期大树及衰弱树，这些修剪反应不典型。

7. 大小年严重的树应该如何修剪?

大年树的特点是花芽量过多，为了减少花芽和改善通风透光条件，进行疏间或不同程度地回缩密处的辅养枝及花芽过多的各种枝组。当骨干枝生长较弱或细长下垂时，也可回缩。

为减少花芽、增加预备枝，冬季对长果枝进行短截。对生长较壮的 1 年生发育枝和易形成花芽的品种，如金冠等，长放枝在当年即可形成花芽，故要多放少截，为翌年小年不小打下基础；对不宜形成花芽的品种，如元帅系品种，长放枝当年不易形成花芽，一般要连续长放 2 年，到第三年才能开花结果。所以，可进行短截，待翌年再酌情处理，上年(小年)已长放1年的壮枝，还要继续长放，促其形成花芽，待下年(小年)结果。总之，要尽量使全树枝条形成“三套枝”，即结果枝、成花枝、发育枝各占1/3。

使大年不大，且当年还能形成适量花芽的措施，除上述修剪外，还必须配合花前复剪、疏花疏果等工作才能收到最佳效果。另外，对于生长势较强的大年树，可在树干、中心干或部分大枝的基部，于5月下旬至6月上旬进行1次环剥或环刻(视品种而定)，促进花芽形成。

小年树的特点是花芽量过少。为了尽量多保留花芽，在枝组不过密的情况下，对有花芽的结果枝组应推迟疏间和回缩的时间。为了避免当年形成过多的花芽，对上年因结果过多、当年无花的各种结果枝组(包括主枝上的中、小型结果枝组)，可视其生长情况进行回缩。有花芽的果枝，一律保留不短截，提高小年的产量。对生长较壮的1年生发育枝，易形成花芽的品种，可多短截，促其营养生长，防止形成过多的花芽；不易形成花芽的品种，为使此枝在下一个小年结果，可连续长放2年。为了增加小年树的坐果数量，应适时采用提高坐果率的技术措施。

8. 上强下弱的树怎样修剪？

(1)首先减弱中央领导干的生长势 可逐年疏间或回缩层间的大辅养枝及过密的小辅养枝。留下的辅养枝，春季大部分进行早期环剥，以促进花芽形成及结果，减弱中央领导干的生长势。基部三主枝的辅养枝要多保留，少疏间、少回缩，减少结果量，以便增强生长势。

(2)减弱基部主枝中下部的生长势 可逐年较轻地回缩或疏间基部主枝中下部的大辅养枝。如有位置，春季风小的地区，个别枝也可采用基部折伤的方法减弱其生长势。所留下的辅养枝，可部分进行夏季环剥，促进花芽形成及结果。这样，就可起到减弱基部主枝中、下部的生长势，相对地增加枝头生长势的作用。

(3)更新主、侧枝 原来培养的主枝或侧枝，如枝量小、生长势很弱、不宜再培养时，可选用较大的辅养枝及长放枝代替原主枝或侧枝，并促使新选的主、侧枝占据生长优势地位。

(4)加强主枝枝头的生长势 对基部主枝延长枝及枝头弱的主枝延长枝可进行长放，并在空处选好芽或在短枝上方进行刻伤，促发新枝；当全树或主枝上下生长势近似平衡后，若仍需扩大树冠时，可用回缩找头或短截延长枝的修剪方法，使其继续延伸扩冠。

9. 如何修剪生长过弱和生长过壮极端树？

(1)生长衰弱的树 新梢年生长量不足 20 厘米的为生长衰弱的树。苹果树生长衰弱的原因很多，一般是由于土肥水管理较差、结果过多，以及病虫危害等造成的。要复壮其生长势，必须在加强土、肥、水、疏花疏果、病虫害防控等综合管理的基础上，搞好修剪工作。即要使骨干枝直线延伸，其延长枝要在饱满芽或壮短枝处剪截，调整角度过大的骨干枝，适量疏除花芽、控制留果量，以助树势，少疏枝，适度回缩，加重 1 年生枝的短截程度，促生壮枝，复壮树势，切忌修剪过重，特别要避免过多疏间、过重回缩大枝或枝组，以免过度减少全树的枝叶量，造成伤口过多，使树势进一步衰弱。

(2)生长过壮不结果的树 由于连年过重修剪，造成徒长，新梢年生长量在 1 米以上，树龄为 7～8 年生或十几年生、甚至全园树冠搭接，仍未能大量结果。对于这种树应以调整生长势及改善光照条件为主，采用长放修剪法。具体方法如下：开张角度，可用支、拉、外开等措施，其中以发芽后拉枝效果最好，这是调整生长势和改善光照条件的主要措施；打开层次和落头，层间(特别是一、二层)枝多时可分批进行回缩或疏间，在 2～3 年要打开层次，如树过高时，可逐年落头；轻疏长放，对密枝进行轻疏间或回缩，对直立枝进行疏间或发芽后进行“软化”、“曲别”等，其他枝长放不打头；培养结果枝组，在连续长放2～3年大量结果后，选择和培养好长放结果枝组及先放后缩的短轴结果枝组，其他枝逐年去掉，需扩大树冠时，应回缩或短截找头。缺枝处在好芽或短枝上部进行刻伤，促发新枝，控制夺头枝，使枝头继续延伸。

10. 放任生长树如何修剪?

(1)落头 为了解决树高遮光的问题，凡树高超过树形要求的都应进行逐年落头，最后要落到有分枝处(留跟枝)。上部主枝过大的，可用回缩的方法，使上层枝展相当于下层枝展的1/3左右。如主枝头过高，且抱头生长，也要相应下落。

(2)调整骨干枝的数量 为了改变内膛光照，复壮枝组，实现立体结果，从树冠的上部开始逐年回缩或疏除过多过密的主枝、辅养枝。在调整骨干枝数量时，切勿操之过急，避免大拉大砍。

(3)开张角度 要求主枝腰角80°左右，角度过小的要利用支、拉或背后枝换头等方法开张角度。

(4)调整枝头 为了解决多年长放或不剪形成的树冠外围郁闭、外强内弱的问题，要逐年对外围过密的长放枝组进行疏间或回缩，同时对长放枝组上的直立枝和过密枝按其主从关系进行回缩或短截，明确枝头。

(5)结果枝组的培养 有计划地培养大中型结果枝组。过密者要进行疏间，过长的要回缩，严格抑制直立枝组的高度和生长势，内膛枝组要先养后缩。各类型枝组每年要长放与回缩相结合，枝组上的中、长枝也要长放与短截相结合，并要注意花芽的留量，克服大小年结果现象。

完成此类树的改造一般需3～5年，切忌一年修剪量过大，损伤树势或引起徒长，影响连年丰产。树体改造的程序应是先上后下、先大后小、先外后里，以达到树冠内膛通风透光，骨干枝和枝组分布均匀，树势中庸，花芽适量，连年优质丰产。

11. 如何修剪普通型红富士?

(1)扩冠期 宜用截放修剪法，适当疏枝，严格控制直立枝的生长。为了早结果和丰产，在幼树生长壮的情况下，当拉枝后株间相差1米左右搭接时，即采用长放修剪方法，并配合夏剪，如多道环刻(或发芽前刻芽)、拉枝、环剥(生长过旺幼树需在6月上旬和7月上旬各剥1次)等措施，促进出枝、成花、结果。此外，还要注意利用腋花芽结果，没有花的壮幼树，于盛花后3～6周和10～12周各喷1次40%乙烯利200倍液，单株枝量，中、短枝量和翌年的单株花芽量均有所增加。

3～5年生以前，生长旺盛的幼树春季易发生抽条现象，轻者部分枝条抽干，重者地上部枝条全部干枯死亡。为了防止抽条，在9月下旬对未停长的新梢进行摘心，促进新梢成熟。抽条严重的地区，可同时采用地膜覆盖和喷布保护剂的措施。对已抽条的幼树，应根据不同情况进行冬剪和夏剪，使之恢复均衡而完整的树冠。

(2)盛果期 修剪时要及时回缩或疏间下垂枝和辅养枝，并适当疏除过密枝，使每667米^{2}枝量保持在8万条左右，以改善树冠内的光照条件，促进果实着色。对生长弱的枝组，要进行复壮或更新。同时，要调整花量，疏间过密的果枝，剪截中、长果枝，使叶芽与花芽比保持在3～4∶1。生长季加强疏花疏果工作。为了促进果实着色，可在9月上旬进行秋剪，对树冠已搭接的树，将全树所有30厘米以上的新梢(包括密处和直立新梢)疏除或进行极重短截，外围的及需延伸生长的新梢保留2～3个芽，对无果的下垂枝进行回缩，对有果的下垂枝回缩到有果枝处，并去掉果实附近遮光的叶片。

12. 如何修剪短枝型品种？

短枝型苹果树适宜培养低干、矮冠、低级次、小树体的树形，如自由纺锤形和低干的单层半圆形等。定植后2～3年间，按主从关系短截所有长枝头，以促发长枝，扩大树冠；同时，要注意将大枝角度开张到90°左右。对生长壮的幼树，当新梢生长到30厘米左右时摘心，促发分枝，增加枝量。3年生后，需扩大树冠者，宜用截放修剪法，同时要在发芽后10天左右，于长放的壮枝中部环刻1～2道，待发枝后再拉平，以缓势增枝。缺枝处，可用刻伤的方法，促发长枝，填补空间。若株间将近搭接，不需扩冠者，应采用长放修剪方法，为了使长放枝增加枝量，特别是增加长枝量，应对长放枝采用环刻1～2道或刻伤法促发长枝，并注意开张角度。骨干枝开张70°，辅养枝6月份再次开张到90°。对于不易自然成花的旺长幼树，特别是元帅系短枝型品种，可在树干或枝上于盛花后25天开始环刻，共环刻3～5次，相隔10天1次，每次环刻一圈。若采用环剥技术，因元帅系短枝型品种伤口愈合能力较差，剥口不易愈合，因此环剥时要留安全带，剥后用塑料布条包扎，这样伤口愈合需15天左右。对于树壮、肥水条件好的果园，也可于剥口愈合后再进行1次，以利形成足量花芽，实现早果、早丰。

短枝型品种壮幼树，特别是元帅系短枝型的初果期坐果率较低，应及时采用环刻或环剥措施提高坐果率促进成花。此措施一般应用到生长和结果稳定时为止，历经8～10年。丰产后要注意加强肥水管理，调整花果量。

13. 苹果树修剪时应按什么步骤进行？

第一，了解果园的栽植密度，确定应该采用的树形。

第二，摸清树体所处的年龄阶段，确定要采用的修剪方法。

第三，具体到一株树要了解树势状况、品种类型、砧木类型、花量多少、树势是否平衡。树势决定着采用的修剪方法，品种、砧木、花量、树势平衡决定着一株树总的修剪量和局部的修剪量。

第四，开始修剪。一是根据中央领导干、主枝的生长状况，确定中央领导干和各主枝的枝头；二是根据所采用修剪方法的要求对枝头进行长放或短截或回缩等形式的处理；三是根据所采用修剪方法的要求对直立枝、中央领导干和主枝枝头的竞争枝进行控制，处理过密枝条；四是用剪、留量调节树势平衡；五是根据所用修剪方法的要求进行结果枝组的培养。

14. 苹果树如何进行高接换优？

(1)接穗选择 接穗要选择色泽鲜艳、结果性能好、品质优良的品种。目前，早、中熟品种可选择皇家嘎拉、津轻等，晚熟品种以富士系为好。从6～7年生盛果期树上采集，选择芽体饱满、枝条充实的1年生枝条，一般长30～50厘米，30～50根为一捆，沙藏待用。嫁接时间在砧木萌芽前进行(4月中上旬)。

(2)嫁接部位 换头树必须健壮、无病毒，与接穗亲和性良好。由于换头树比较高大，骨干枝已基本形成，可接在二级骨干枝上，甚至副侧枝上。侧枝的高度应高于副侧枝，主枝头的高度应高于侧枝，中央领导干要高于主枝，以保持从属关系，形成良好的树形。对于比较高大的树冠，特别要做到接口不能太粗，以免造成内膛太空。内膛空的可用皮下腹接补充空间，或者嫁接后对砧木的萌芽适当保留，夏季进行芽接。

(3)嫁接头数 为了尽快地恢复和扩大树冠，嫁接头数多一些为好，一般可与树龄相当。如5年生的树可接5个头，10年生的树可接10个头。一般树越大，嫁接头数就越多。

(4)嫁接方法 先将需要高接树的所有主枝距树干25厘米左右去掉，嫁接方法根据嫁接部位粗度来确定。

①皮下接 适用于粗1.5厘米以上的砧木，嫁接时先将接穗

基部削成3～5厘米的平滑斜面，背面削一小削面，在砧木背面切一深达木质部的切口，撬开皮层，将接穗的斜面紧贴嫁接部位的木质部插入，再用长35厘米、宽2～3厘米的塑料条将伤口包严。接穗长度为10～15厘米，每个接穗留3～5个饱满芽，顶芽留在外侧。

②**劈接** 适合粗1.5厘米以下的砧木，接穗削成楔形，削面长3～5厘米，削面要平，外侧宜稍厚于内侧。然后在砧木中间切一垂直劈口，把接穗放入劈口，对准双方形成层，注意不要把接穗口全部插入劈口，留空0.5～1厘米，有利于伤口愈合。

(5)接后管理 嫁接后砧木上的萌芽，应及时抹除；嫁接成活后，必须及时解除绑缚物，砧木过粗的先松绑待接口基本愈合后再去除绑缚物；对于光秃带的枝条，可采用刻芽的方法，促发小枝，以利于提早结果；当新梢长到30厘米左右时，结合解塑料条，在砧木上绑一根支柱，把梢捆在支柱上，防止风折；新萌发枝梢幼嫩，注意防控红蜘蛛、蚜虫和一些生理病害；加强肥水管理。

15. 高接换优的苹果树怎样修剪？

首先剪除接口下的萌蘖，保留空间较大的萌蘖，待春季发芽后进行补接；第一年冬剪时对高接枝条生长弱或树较小而需继续延伸的，对所有高接枝按主从关系进行短截，以加强长势，扩大树冠。若生长壮或树较大，则应长放不剪，采用枝接的树，一般可抽生2～3个长枝，在修剪时选其中之一作为主枝，其余的枝用折伤或拉枝的方法使其下垂，控制长势，春季对长放的枝条进行多道环刻。第二年以后的冬剪，应以轻剪长放为主；注意开张骨干枝和大结果枝组的角度，可用背后枝带头，生长季节采用"软化"、"曲别"、"拉枝"等方法，加大角度；为了早结果，可对辅养枝及大枝组采用环剥、环刻等措施，促进形成花芽，提早结果，恢复产量。到盛果期后其修剪方法同一般树。

四、花果管理

（一）关键技术

1. 确定苹果合理的负载量

合理负载是苹果连年优质稳产的保证。合理的负载量既可使当年有适宜的产量，又能形成足量的花芽，克服大小年结果现象，并生产优质的果实。留果量的确定常用的方法有距离法、梢果比法、叶果比法、干周法等。

(1)距离法 以留下的果之间的距离为依据进行留果。一般普通型苹果，大型果为 25～30 厘米留 1 个果，中、小型果为 20～25 厘米留 1 个果。

(2)梢果比法 疏果时以当时萌生的新梢数量为依据，根据品种、树势等每 5～8 个新梢(包括长、中、短梢)留 1 个果。在管理条件较好、生长健壮的情况下，大型果如元帅系、富士系等品种，梢果比为 8∶1；中、小型果，如金冠系、国光等品种，梢果比为 5∶1。

(3)干周法 以距地面 30 厘米处的树干周长(厘米)为依据，富士系普通型、元帅系短枝型和金矮生等品种全树留果量(个)＝0.2×干周长(厘米)的平方。例如，干周为 40 厘米，则全树留果个数$=0.2\times40^2=320$(个)。

留果量受品种、树龄、树势和肥水条件等因素的影响。在生产中要根据实际情况灵活掌握。一般大型果少留些，小型果多留些；自然落果严重的多留些，不易落果的少留些；壮树适当多留，弱树适当少留；肥水条件好的可多留，反之可少留。在一棵树上，壮枝上要多留，弱枝上要少留。要做到看树、看枝合理负载。

2. 疏花疏果

(1)疏花 在坐果率较高、花期气候条件较稳定的果园应用。疏花比疏果更能节省养分，更有利于坐果及形成花芽和提高产量。疏花的时期是在花蕾分离期至盛花期，其中最好是花蕾分离前期。疏花的方法是用剪子只剪去花序上的全部花蕾，留下果台上的叶片，其剪量应保持果枝量占总枝量的20%左右为宜。

近年来，有些地方推广“以花定果”，其方法是，根据树势强弱、管理水平确定留果数量，再加10%～20%的保险系数即为留花数量，然后按20～25厘米间隔留1个壮花序，其他的花序全部疏除。保留下来的花序将边花全部疏除，只保留中心花。“以花定果”的时间从花序分离期到开花前，越早越好，一次完成。这种措施的优点是节省树体养分，用中心花结果有利于果实的发育，经疏花后可不再疏果。由于疏花后留下的花比较整齐，花期相近，授粉时间只有3～4天，比正常缩短了2～3天，减少了授粉机会，在实施该项措施时必须注意：一是要有健壮的树势和饱满的花芽；二是疏花后留下的中心花要全部进行人工授粉；三是只能在坐果率较高，花期气候条件稳定的果园应用。在春季低温多雨等不良环境条件下，可以采取先疏花序后定果的技术，即从花序分离到开花前，按留果标准要求，选留壮枝花序，把其余的花序全部去掉，坐果后再定果。

(2)疏　果

①疏果时期　疏果分2次进行较好。在子房膨大时（落花后1～2周）进行第一次疏果叫“间果”；在生理落果以后（落花后1个月左右）进行第二次疏果叫“定果”。这段时间疏果后留下空果台的副梢，在营养条件较好的情况下，有些品种当年还能形成花芽。如疏果过晚，不但消耗营养，而且影响幼果发育。

②疏果方法　间果主要是将疏花时多留在花序上的幼果疏

掉。定果时应首先疏除过密、有病虫、机械损伤和畸形瘦小的果，然后再根据留果量疏除多余的果。

3. 套果袋的选择

(1)选择成本低、质量好的套果袋 优质的纸袋应为纯木浆纸，抗破裂强度高，遇风吹、雨淋和暴晒不破裂，具有良好的透气性，有一定的疏水能力。对于有黑色面或黑色衬纸的果袋，黑色油墨要不易脱落。涂蜡袋要求涂蜡薄而均匀，做工规范，袋边粘合紧密，袋口不粘连，袋下面必须有通气排水孔。对于塑膜袋要求用非再生聚乙烯微膜制作，袋表面要有微小通气孔，袋下有排水孔，抗老化时间应在5个月以上，不黏结，易开启。

(2)根据栽培品种进行选择 对于较易着色的红色品种，如新红星、红津轻等可选用内面黑色的单层纸袋；对于难着色的红色品种，如富士应选用外层内面黑色或内层黑色的双层纸袋；对于黄色和绿色品种，如金冠、王林等只为了防止果锈、使果面光洁，不需着色，可选用石蜡单层袋、无黑色面的单层纸袋或内面黑色的单层纸袋。

(3)根据当地的气候条件进行选择 如在高温多雨的地区宜选择透气性好的果袋；在高温少雨、光照强的地区宜选用遮光好的果袋，不宜用有蜡纸的袋；在海拔高、光照强、温差大、着色容易的地区用内面黑色的单层纸袋也能着色较好；在温暖潮湿、温差小的地区需选用遮光好的双层纸袋才能较好上色。

4. 除袋后的着色管理

(1)铺反光膜 果实去袋后在树下沿行向，于树冠外缘向内铺设银色反光膜，每行树两侧各1带。据试验，铺反光膜可使树冠下部光强提高4倍，使萼洼全部着色，树冠内膛叶片中叶绿素含量提高60%以上，果皮中花青素的含量增加2倍以上。

(2)摘叶 摘叶可防止果实表面出现花斑，摘叶在除袋后进行，摘除果实周围5～15厘米内的遮光叶、贴果叶，使60%以上果面受到直射光的照射。摘叶时不能过多、过早，可分期进行，以防日灼、果面降色和对花芽及树体储藏营养产生不利的影响，摘叶总量不能超过总叶量的30%。

(3)转果 当果实阳面着色后，为使背阴的果面得到光照需要人工转动果实，使原来的阴面向阳，促使果实全面上色。距枝近的果实可用手转动180°后贴靠在枝上；对于双果向相同方向各转180°靠在一起；对下垂果可用透明塑料胶带拉转180°将其固定在附近的枝上。转果后，着色指数可增加20%左右。

5. 果实采收

(1)采收前准备 准备好采收用的工具，如采果袋、篮，周转箱，果柄剪，采果梯等。用的篮、筐均须内衬蒲包、旧布等柔软铺垫物，防止扎伤果实。

(2)采收方法 苹果主要是人工采收，采果人员要剪短指甲并戴手套，避免指甲刺伤果实。采摘时用手托住果实，用拇指或食指顶住果柄，轻轻上翘，使果柄与果台自然分离。尽量轻采、轻放，切忌“生拉硬拽”，以免挤伤果实、拉掉果柄。无果柄的果实，在运输贮藏过程中易感染病害和腐烂，不符合商品要求。为了避免果柄扎伤果实，果实采下后用果柄剪剪短果柄，使果柄低于果肩。

(3)采收过程 采收时应从树冠下部和外围开始，尔后采内膛和树冠上部的果实，即“先下后上，先外后内”，否则会碰掉或碰伤果实，降低果实等级和品质。果实从篮到筐、从筐到果堆，翻、倒、拣、运时都要逐个拾、拿，禁止倾倒。

（二）疑难问题

1. 苹果树环剥措施如何应用？

环剥是促使苹果壮幼树成花结果的主要措施之一。即在树干上或不同年龄枝的下部，绕干或绕枝刻伤2道，两道间距为树皮的厚度，根据枝干粗细，宽0.3～1厘米，刻口深达木质部，将两刻口间的树皮剥下称为环剥。

(1)环剥效果 环剥能在一段时间内阻断同化营养物质向下运输，减少供给根系的营养物质，抑制根系的生长，从而缓和生长势，同时使环剥口以上的部分获得较多的营养。因此，环剥有促进花芽形成、控制新梢生长和提高坐果率的作用。据在河北省中南部试验，长富2栽植速生苗的第三年进行二次环剥，当年成花20.1%～31.1%，第四年平均株产16.8千克。对初结果或丰产的苹果壮树，若在盛花期至落花后5天进行环剥，不但具有成花作用，还有控制生长和提高坐果率的作用。据调查，此期环剥新梢生长量减少30%～50%，坐果数增加40%～90%。另外，对多年生枝于发芽后至花期在光秃带较长的部位进行环剥，有促进出枝、补充空位的作用。经调查，每个剥口下平均可出枝5.3个，这对解决光秃带问题具有一定的应用价值。

(2)环剥时期 剥期不同，效果不一。花期到落花后10天环剥有抑制生长、促进成花和提高坐果率的作用，最佳时期为落花当天至第五天。此期环剥也称为早期环剥。花后10～40天环剥只有促进成花的作用(富士系品种宜晚些)。

(3)环剥次数 一般每年只进行1次环剥，但对生长过旺、不易成花的品种，如国光、富士系品种等，也可待环剥口愈合后(30天左右)再环剥1次。

(4)环剥对象 环剥适用于苹果旺幼树或壮树及结果少的大

树。对于弱树、病树、盛果期的树不宜采用，否则会造成生长势极度衰弱、腐烂病上升，甚至全园毁灭。

(5)剥后管理 环剥技术只能调整营养的分配，使之出枝、成花、坐果和提高产量等，不能增加树体营养，因此只有加强土、肥、水等综合管理，才能发挥更大的效应。当出现剥口过宽不能愈合的情况时，可通过桥接补救。

2. 苹果树环剥时应注意什么？

(1)剥口不要过宽 剥口愈合有两种形式，一是在环剥操作正确时，剥口形成层细胞未受损坏，剥口愈合组织由里向外生长，到长平为止。在这种情况下，剥口宽些，剥口是能正常愈合的；另一种是由于环剥时用刀或手破坏了形成层细胞，愈合组织由剥口上部向下部生长相接，在这种情况下，剥口过宽会出现愈合不完全或不能愈合的被动局面，从而使树势衰弱或全树死亡，给生产造成不可弥补的损失。特别是将环剥用于元帅系等愈合组织生长慢的品种时更应注意。

(2)剥后包扎 对树干、主枝或大枝进行环剥后，要用纸条或塑料薄膜(勿用地膜，用稍厚的棚膜。下同)条包扎，以防虫害且利于剥口愈合。对包扎物要有所选择，包扎塑料条的比纸条愈合得快。包扎后要定期检查。乔砧苹果壮幼树宜用纸条包扎，剥口30天左右即可愈合。包扎后15～20天时，要去掉纸条进行检查。若有虫危害且愈合较差，要拨出害虫，重新包扎塑料薄膜条，到愈合后再及时去掉包扎物；若愈合组织由上向下生长，也需重新包扎塑料薄膜条，以促进愈合组织生长，愈合后要及时去掉。检查时若愈合组织是从里向外生长，并愈合较完整者，就不必再进行包扎了。

3. 怎样进行苹果树环刻，有什么作用，如何应用？

环刻就是在树干或枝条上用刀环切一圈，深达木质部。环刻可分为两种形式：一种是在树干或大枝的基部用刀刻伤一圈，刻口愈合需10天左右。环刻的时期、作用与环剥相同，唯强度较弱，一般的品种环刻3次等于1次环剥。此法适用于环剥不易愈合的品种，如元帅系等。环刻时可据树势强弱的不同，每隔10天左右环刻1次，连续环刻3～5次不等，即可收到环剥的效果。

另一种是在1～2年生长放枝条上，从基部开始每隔20厘米（适用于长枝品种）或30厘米（适用于短枝型品种）左右环刻一圈，直到上部，为多道环刻。进行多道环刻的时期是春季发芽前至新梢开始生长期。国光品种因刻口愈合较快可早些；元帅系、短枝红星系刻口愈合较慢可晚些。多道环刻有促进新梢萌发的作用，环刻时间的早、晚不同促发新梢的效果也不同，环刻时间早（发芽前）可以促发部分长枝，时间晚（萌芽后）只能促发短枝。另外，还有促进成花的作用，若加上环剥处理，则成花效果更为显著。

为了形成适量花芽，在进行树干环剥时，环刻可以和环剥交替使用，如因树势较旺，环剥1次效果不理想，可在剥口愈合后再进行1～2次环刻。在环刻时要注意力度的大小，以刻到木质部为宜，力度太大，枝条易遇风折断。

4. 如何提高坐果率？

(1)花期授粉 苹果树为虫媒花，自花授粉能力差，因此在授粉树配置不当、单一品种开花的密植园或花期天气不好的情况下，除引蜂授粉外，还可采用人工辅助授粉。

(2)果园放蜂 一般可在果园放蜜蜂或释放角额壁蜂，能显著提高坐果率。

(3)适度冬剪 密植苹果树在生长旺盛、花芽较少的情况下，修剪过重会导致旺长，果枝营养不足，坐果率较低；在生长较弱、花芽过多的情况下，修剪过轻营养分散坐果也不好。因此，适度冬剪有利于坐果。生长旺盛花芽较少的树，冬剪量要占总枝量的1/10

左右;生长较弱花芽过多的(压冠期),冬剪量为1/5～1/3较适宜。

(4)搞好夏剪

①早期摘心　当新梢长到10厘米左右时(5月上旬),对果台副梢和壮新梢进行摘心,控制其旺长,减少其对幼果争夺营养能力,有利于坐果。据试验,4年生密植金冠品种早期摘心比对照提高坐果率1.3倍。对富士品种果台副梢早期摘心、壮旺新梢摘心(留至10～20厘米),也有提高坐果率的作用。

②早期环剥　对苹果壮树于盛花期至落花后5天进行环剥,抑制生长,使剥口上积累较多的碳水化合物,以供幼果生长发育、提高坐果率。

(5)叶面喷肥

①尿素　叶面喷尿素溶液可以增加叶绿素的含量,促进碳素同化作用和提高树体内氨基酸含量,并可减少生理落果。在开花前或落花后喷布200～350倍的尿素溶液都有提高坐果率的作用。

②喷硼　硼能促进花粉粒萌发和花粉管生长,因此花期或花后叶面喷硼有提高坐果率的作用。一般喷布硼酸或硼砂200～250倍液。

(6)改善树体的营养状况　秋季施氮、保好叶片、适量坐果、适期采收等都可以提高树体的储藏营养水平,改善储藏养分的分配状况。对于树体储藏营养水平低、秋季施氮不足的,要抓紧在早春施用速效氮肥,能够有效减少幼果脱落。

5. 如何进行人工辅助授粉工作?

(1)采集花粉　在主栽品种开花前,从适宜的授粉品种上采集含苞待放的铃铛花,拿到室内两手各持1花,将两花摩擦,使花药脱落。花药拨下后,拣去花丝、花瓣等杂物,在室内阴干。室内温度保持在20℃～25℃,不得超过30℃,否则容易使花粉灼伤。将采集的花药在纸上摊成一薄层,放在桌上或木板上,并搅动几次,使其加速散粉。这样，经过1昼夜，即可散出黄色花粉，过罗后即可使用。如天气晴朗无风，可摊放在室外晾干，但注意不可暴晒。

(2)点授法 将干燥的花粉加入3倍左右的细滑石粉或细淀粉等作填充物，混合均匀后立即使用，但需要随用随混合，混合后若存放则会影响花粉粒的发芽率，从而影响授粉效果。将混合后的花粉装入小瓶内，授粉人拿1个用旧报纸卷成的纸棒作授粉器，将一头磨出毛绒，以便蘸粉。用授粉器蘸取花粉，点于应该授粉花朵的柱头上，蘸1次可点花5～7朵。在授粉时，根据应授粉树开花的多少和预期达到的产量水平，大体确定每株树授粉花朵的数量。开花少的树，每花序所有开放的花朵均应进行点授；开花多的树，可隔花序，每个花序点授2～3个花朵。点得过多，大量坐果，既浪费了树体营养，又增加了疏果的工作量。此外，点授瓶内剩下的花药及残余花粉，用碗或瓶子碾一下，不加填充物，也可直接作授粉用。点授法虽然比较费工，但在授粉树少或幼树开花少、花期阴雨或大风的情况下，是保证适量坐果的有效措施。

(3)喷粉法 用稀释100倍的花粉(填充物为滑石粉)放在电动喷粉器中，围绕树均匀喷布。其优点是授粉速度快，坐果较好，经套袋授粉试验，6年生密植红星品种喷粉处理比不喷的提高花朵坐果率9.3倍。花粉用量，冠径2.5～3米的树喷布2次，每株共用花粉0.18克。在没有喷粉器的情况下，也可将带有填充物的花粉放在2～3层纱布袋中，用绳绑口，并绑在长竿上，高举到树冠或树膛内，轻轻敲打长竿，将花粉由纱布袋中振出飞散，使之授粉。

6. 苹果园如何应用壁蜂进行授粉?

壁蜂是野生花蜂，应用到果园的主要种类有凹唇壁蜂、角额壁蜂和紫壁蜂等，同属蜜蜂总科切叶蜂科壁蜂属。为果树重要的传粉昆虫，1年发生1代，在苹果花期羽化为成蜂，访花采粉，营巢产卵后死亡，喜欢在人工制作的苇管或纸管内营巢，每支管内可以筑

7～20 个巢室，每个巢室有 1 粒卵和供其生长发育的 1 个青豆大小的花粉团。然后在巢内发育或休眠直到翌年春季羽化出茧。

利用壁蜂授粉可以显著提高坐果率，据调查在富士品种上花序坐果率比对照提高约 20%。可以提高授粉受精质量，与自然传粉相比，果内平均种子数增多，且分布均匀，单果重显著增大，偏斜果明显减少。壁蜂管理方便，1 年繁殖 1 代，不需人工饲养。壁蜂授粉活动适温低，各种壁蜂在花期气温 12℃～16℃时即能正常采粉，而蜜蜂的活动适温是 20℃～30℃，低于 17℃时活动力下降。壁蜂授粉时访花速度快，凹唇壁蜂每分钟访花 10～16 朵，而蜜蜂只有 4～8 朵；工作时间长，连续工作 9 个多小时。壁蜂在果园内主要在蜂巢附近 60 米内活动，有利于给目标果树授粉，而蜜蜂的活动范围达 5 千米。壁蜂的繁殖倍数高，回收率高，放蜂回收率为 5～10 倍。

在果树开花前，选用 30 厘米×40 厘米×50 厘米的纸箱，一面开口，作为巢箱，安放在背风向阳、开阔无遮蔽处，用木桩架起巢箱，下部距地面 60 厘米，箱口以向东或向南为好，上面架好防雨遮阳棚。纸箱下面的木桩最好涂上废机油以防蚁害。在蜂棚前挖一长宽为 40 厘米×40 厘米、深为 50 厘米的土坑。放蜂期间，保持坑底湿润，供蜂取土营巢。巢管可用 15 厘米长、内径 6～7 毫米的芦苇管制作，在茎节处截断，使之一端封闭一端开口，管口要磨光。也可用纸卷制巢管，内壁用一层牛皮纸，外用报纸，壁厚、长度与内径同苇管，一头用泥封住。巢管 50 支扎成一捆，每个纸箱内放 5～10 捆，巢管要放平，与箱口方向一致。

果园开始引进壁蜂时，一般数量不多，果园内蜂巢间距应为 30 米左右，每个蜂巢放蜂茧 100 头。这样，果园内蜂茧密集，壁蜂营巢场所多，可以增加繁殖回收数量。蜂量增加后扩大放蜂面积，蜂巢间隔距离可为 50～60 米，每个蜂巢放 500 头蜂茧。

2 月份气温回升前，把买来的壁蜂或上一年回收的巢管取出，剥下蜂茧，清除天敌，装入清洁的罐头瓶，用纱布封口，于0℃～5℃下贮存。开花前6～10天，取出蜂茧分装在四周有洞的小纸盒内，把纸盒移入果园的蜂箱内。到5月中下旬花期过后，收回巢箱，把产卵封口的巢管挑出来，装入纱布袋，吊在通风、干燥、卫生的贮藏室保存，翌年再用。

利用壁蜂传粉应注意的问题：注意放蜂时期，不可过早或过晚，过早，成蜂提前脱茧，花还未开放，导致壁蜂觅食飞散；过晚，待蜂出齐时，苹果盛花期已过，影响授粉。放蜂期间禁止喷布任何药剂。蜂箱应放在背风向阳处，受光时间越长越好，巢箱前空地要宽阔。要保持箱前水坑湿润，以供壁蜂采泥筑巢。巢箱一定要防雨。在成蜂活动期不要随意翻动巢管，否则，壁蜂难以找到自己定居的巢管而影响产卵和访花。注意防虫和鸟，主要有蚂蚁、蜘蛛、鸟类和寄生蜂等。防治蚁害，可在架设巢箱下的地面上撒1圈用辛硫磷拌的毒饵，毒饵配方：花生饼或麦麸250克炒香，加猪油100克、糖100克、辛硫磷25克，加少许水混匀即可。也可在木支柱上涂机油防止蚂蚁上爬。壁蜂的寄生蜂（叉唇寡毛土蜂）的茧为深褐色，无光泽，应及时去除；另外，该蜂破茧后不马上飞走，可在放蜂后的前3天，用夹子将刚破茧的寄生蜂夹死。对于结网蜘蛛或跳蛛可人工捕捉。在鸟害重的果园，应在蜂箱前拉防鸟网。

7. 怎样进行苹果套袋工作？

（1）套袋时期与时间 对于易产生果锈的品种应在落花后10天进行套袋，越早越好。早、中熟品种可在落花后10～15天开始套袋；对于新红星等6月份生理落果重的品种宜在生理落果结束后进行。红富士等晚熟品种，可于落花后15天开始一直到6月下旬，最好在5月上旬至5月底套完。套双层纸袋应在落花后40天左右、幼果直径长到1.5厘米以上、果柄为半木质化时进行。套袋时间过早，果实较嫩，易受损伤，以致影响果实生长，成袋率也较低;套袋过晚则果锈加重,影响果实的光洁度。如果5月中下旬气温变化较大、不稳定时,极易发生果实日灼。

套袋应在上午9～12时、下午3～7时进行,不要在早晨露水未干、果温较低时及中午日光强烈、果温较高时进行。喷药后药液未干及下雨时不能套袋。

(2)套袋方法 套袋前宜将果袋放到潮湿处,使果袋返潮柔韧,便于操作。套纸袋时,左手托住纸袋,右手把袋口撑开,使袋体膨胀,袋底的通气放水孔张开,从上向下将果实套住,让果实位于袋内中央部位,不要贴住果袋,然后两手将袋口从两侧向中间折叠,最后将铁丝或铁片折回,扎紧袋口,尽量使袋底朝上袋口朝下。套塑料膜袋时,先把袋吹鼓,检查一下两角的排水口是否开启,然后将果套入,把袋口折起来,用铁丝扎牢。套袋时应注意先树上后树下、先内膛后外围,不要碰伤果面、折断损伤果柄,要快而轻。

(3)套袋前后的管理 在套袋前全面均匀地喷布1～2遍杀虫、杀菌药。在易发生果实日灼的地区,要选择透气性好的果袋,不要用涂蜡袋。套袋后增加浇水次数,降低园内温度,加强土肥管理,增强树体生长势,在遇高温干旱天气时,可以适当推迟套袋时间,或套袋前全园浇1遍水。套袋易造成果实缺钙,诱发苦痘病,因此发病较重的果园要注意补钙。苹果套袋后,果实可溶性固形物含量有下降的趋势,叶面喷布微肥可提高叶片光合作用和叶片营养,减轻含糖量的降低程度,延迟采收也可提高果实的含糖量。

8. 如何提高苹果果实的品质?

(1)立地条件和品种 选择适宜区栽植,并选择优良的品种。

(2)适度密植,应用矮化砧 密度过大,光照不足,影响果实着色。

(3)科学施肥浇水 科学施肥是苹果优质丰产的前提。增加土壤有机质,进行果园种草,多施有机肥,使有机质含量达到2%～

3%。平衡施肥，某些元素的过多或过少都会影响果实的品质。适期施肥，发芽前或花前追肥以氮肥为主，在果实膨大期后，以磷、钾肥为主，可明显增加单果重和着色。采前追施氮肥，虽能增大果个，但严重影响着色且降低果实内在品质。进行叶面喷肥，6 月下旬开始每隔 15 天喷 1 次磷酸二氢钾 250～300 倍液，有利于着色；另外，喷布光合微肥、稀土微肥和氨基酸微肥等均利于上色。

对果园水分要合理调控。发芽前要浇透水，发芽时干旱，会造成发芽迟、新梢短、叶片小，影响后期果实膨大。开花期干旱或多雨，授粉受精不良，易产生畸形果、偏斜果。花后幼果期不能受旱，否则易造成落果且影响果实的增大。在果实膨大期充分供水，利于果实的增大，此期干旱，果个小、果形扁。进入着色期后应适当控水，并注意排水。后期雨水大，果实着色不良，含糖量低，烂果病严重。后期久旱后浇水，易造成裂果，尤其是沙地果园更严重。采前适度干旱，有利于着色，但过度干旱，空气湿度太低，果实也不易上色。

(4)合理整形修剪 光照对果实的生长发育有较大影响，尤其是果实的着色和内部糖的含量。光照不足，花芽分化不良，果个小，着色差，含糖量低；光照过强，果实易发生日灼。通过合理的整形修剪，使果园及树冠内通风透光。整形修剪时选择适宜的树形，控制树高，清理密生的辅养枝，开张枝条角度，使树势保持中庸健壮，叶面积系数在 3～5，每 667 米^2 留枝量 8 万～10 万个，树冠透光率 30%以上。

(5)提高授粉受精质量 采用人工授粉或释放壁蜂的方法，改善授粉受精条件，提高坐果率及保证果心内的种子数，减少偏斜果、扁果、小果和畸形果。果实内的种子数越多，果实越大，高桩端正。果实内种子数少，果个小而扁，且易造成分布不均，产生偏斜果和畸形果。据调查，应用壁蜂授粉的果园比自然传粉的果园花序坐果率提高约 20%，果实内平均种子数多 3.4 个，单果重增加

35 克，偏斜果减少 70%。

(6)合理负载，精细留果 严格控制留果量，一般小果型品种枝果比为 4～5∶1，每果台留 1～2 个果；而红星、富士等大型果要达 7～8∶1，每果台只留 1 个果。留果时要留中心果、壮枝上的果、侧生果、下垂果、端正果、大果和无病虫果。

(7)采用果实套袋、铺反光膜、摘叶和转果等促进果实着色的措施

①果实套袋 果实套袋是促进果实着色和改善果面光洁度的重要措施。

②铺反光膜 果实去袋后在树下沿行向于树冠外缘向内铺设银色反光膜，每行树两侧各 1 带。据试验，铺反光膜可使树冠下部光强提高 4 倍，萼洼全部着色，树冠内膛叶片中叶绿素含量提高 60%以上，果皮中花青素的含量增加 2 倍以上。

③摘叶 摘叶可防止果实表面出现花斑，摘叶宜在去袋后进行，摘除果实周围 5～15 厘米的遮光叶、贴果叶，使 60%以上果面受到直射光的照射。摘叶时不能过多、过早，可分期进行，以防日灼、果面降色和对花芽及树体储藏营养产生不利的影响，摘叶总量不能超过总叶量的 30%。

④转果 当果实阳面着色后，为使背阴的果面得到光照需要人工转动果实，使原来的阴面向阳，促使果实全面上色。距枝近的果实可用手转动 180°后贴靠在枝上；对于双果向相同方向各转 180°靠在一起；对下垂果可用透明塑料胶带拉转 180°将其固定在附近的枝上。转果后，着色指数可增加 20%左右。

(8)加强植保工作 保证叶全，无病虫果。秋季叶片完整，不提早落叶，可以保证对果实发育的营养供给，有利于果实着色。注重果实病虫害的防治，如煤污病、轮纹病、食心虫、康氏粉蚧等。花期补充硼肥以减少缩果病的发生；花后套袋前补充钙肥防止苦痘病、水心病等生理病害。

在套袋前禁止喷布波尔多液、有机磷类等对果实刺激性大、有残斑的药剂，以免产生果锈。摘袋后也不要喷波尔多液，以免影响果实上色。

(9)合理应用植物生长调节剂 红富士苹果盛花后20天，喷布100～300毫克/升6-苄基氨基嘌呤(6-BA)溶液可增大果个20～40克。盛花期和花后1周，喷布普洛马林或高桩素，红富士用500倍液，新红星用1 000倍液，可明显提高果形指数和端正果率。在采收前20天左右，喷布30毫克/升萘乙酸溶液，可防止元帅系品种的采前落果。

(10)适期采收 根据品种的特性和当地的气候条件适期采收，如元帅系品种在9月中下旬采收，富士系品种在10月下旬采收为宜，套袋果宜推迟些。

9. 怎样进行苹果除袋工作？

套袋的苹果除袋过早，果面易变粗糙，色泽发暗，烂果率增高；除袋过晚，着色差，含糖量低，风味淡。对于黄绿品种可以不除袋或采前5～7天除袋。对早、中熟红色品种一般于采前15～20天除袋。对较难着色的红色晚熟品种，如富士，一般采前20～30天除袋。各地要根据自己的气候条件选择除袋时期，在温差大、光照强，易上色的地区可以晚些除袋；在温差小、阴雨天多、不易上色的地区可早除袋。

除袋时最好选择阴天和多云天气或晴天的上午10时以前、下午4时以后进行，并要注意不要将袋一次除下。单层袋要先将袋从中间撕裂，但仍要避光，以防灼伤果实，1周后再将袋取下。双层袋要先去掉外层袋，5～7天后再摘除内层袋。

10. 艺术苹果生产技术要点有哪些？

艺术苹果是书法、简笔画、剪纸等艺术作品的一种表现方式，指一些带有美丽动人图案或喜庆吉祥文字的红色苹果，生产中简称为贴字苹果。这类苹果附加了果业文化韵味，拓展了苹果销路，增强了市场竞争力，备受消费者青睐和好评，效益也成倍增长。

苹果贴字是根据果面太阳照射处上色，贴字处不上色而显示原始色(绿色或黄色)的原理进行的。依据这个原理，在苹果上色前，将字模贴在果实表面，待充分着色后再取下字模，则字模在果面造成的色差部分与果面着色部分产生对比，字就“长”在了果面上。

主要生产技术要点如下：

(1)品种的选择 凡是红色的苹果品种如元帅系的新红星、阿斯、超红等，以及富士系的品种等，都可进行贴字增值。

(2)果实的选择 应选择无公害和套纸袋栽培的苹果园。在树势健壮、光照良好的红色品种树上，选着生部位好、果形端正、摘袋后果面光洁的大果。

(3)字贴的选择 目前生产上主要应用不干胶字模，要注意字模的质量，不干胶字模要求做工精细，边缘整齐，厚度适中，不能有异味和毒副作用，字体要美观大方、印刷精制。具有“福、禄、寿、喜、吉祥如意、生日快乐、心想事成”等吉祥语、生肖图案组合及有特殊意义的字模备受消费者欢迎。

(4)贴字时间及方法 一般套袋果边取内袋边贴字效果较好，非套袋果开始着色时即贴，方法同套袋果。在贴字时将需贴字的果面灰尘擦干净后再贴，字贴最好贴于果实的向阳面。

粘贴不干胶纸字模时，先将果面贴字处的果粉轻轻擦掉，将字模在果面上摆正，然后用双手大拇指从中间向四周将字模展平压实即可，粘贴时手一定要干净，防止字模背面粘上灰尘影响粘贴的牢固性。

(5)贴字后的管理 贴字后，适当摘除果实周围5～10厘米的遮光叶，以利果面受光。当向阳面着色鲜艳时转果，将阴面转到阳面促使其着色。

(6)适期采收、包装 根据品种特性和生产要求适期采收。贴字果采收后，揭去果面的贴字，根据不同内容，分别按字组、图形进行搭配，贴标签、套网套、装箱，并做好标记。

11. 如何防止采前落果？

采前落果是指有些品种在采收前1个月左右开始落果，越接近成熟，落果越严重。如津轻、元帅系、北斗、王林等品种采前落果现象严重。采收前土壤含水量低、氮素过多，会加重采前落果。气候温暖的地区或采收前气温持续较高的年份，特别是晚上持续高温的地区或年份，采前落果较严重。

经试验和生产实践证明，喷α-萘乙酸（钠）可防止采前落果，喷1次的可在采前20天左右，浓度以30毫克/升较好。若喷2次可在采前30～40天喷布第一次，相隔15～20天再喷第二次，浓度为20～30毫克/升。喷布重点是果实和果柄部分。据试验调查，元帅品种采前15天喷布1次20～30毫克/升萘乙酸溶液落果率在6.9%以下，而对照为35%。萘乙酸不溶于水，配制药液时用少量的水加2倍以上的碱面即可溶解，然后再加水稀释。

在7～8月间，叶面喷施0.2%～0.3%磷酸二氢钾加0.1%的硼酸溶液，可减少落果50%～60%。在苹果采收前30天和15天，各喷1次50毫克/升赤霉素溶液加0.5%尿素溶液，或在采收前40～60天喷2 000毫克/升硼酸溶液，均有防止采前落果的效果。天气干旱时，要及时浇水，可以减轻采前落果，但不宜大水漫灌，以防枝条旺长。

12. 如何确定果实采收期？

采收期的早晚对苹果产量、品质和果实贮藏性有很大的影响。采收过早，由于果实尚未成熟，果个小，产量低，果实色泽、风味等均未表现出应有的品质，由于角质层发育不好，贮藏性差。采收过晚则果实成熟过度，硬度降低，果肉松软发绵，不耐贮运，对采前落果严重的品种损失更大，并减少树体储藏养分的积累，加重大小年。确定采收期，要考虑品种特点、气候条件等，可从以下几个方面确定：

(1)果实的颜色变化 主要以果皮底色(由深绿逐渐变黄或浅绿色)的改变。金冠作长期贮藏的，底色黄绿时便可采摘；短期销售的，底色绿黄时采收较好。

(2)果实硬度 一般成熟果果肉松软，适口性增加；而未熟果，果肉坚硬。

(3)主要化学物质的含量 果实成熟前，淀粉大量转变为糖，含量明显下降，而可溶性固形物含量升高，生产上常用可溶性固形物含量高低来判断成熟度，或以可溶性固形物与总酸之比(固酸比)来衡量，要求固酸比达到一定比值时进行采收，如富士品种固酸比在72.6～81.9时采收最好。

(4)果实生长天数 果实生长天数是指一个品种从落花期到采收期的天数，属品种特性，每一个品种均比较稳定。由于一个地区苹果的物候期相差不大，因此各品种每年的成熟期基本一致，如河北省中南部主要品种的采收期，新红星、金矮生为9月中下旬，乔纳金、新世界为10月上旬，富士、王林等为10月中下旬等。

13. 怎样做好苹果采收后的果园管理?

苹果采收后到封冻前这段时间，果园的管理以养树为主，目的在于给树体及时补充营养，增强树势，增加树体养分的积累，为翌年优质、丰产打下良好基础。突出“保叶、施肥”措施，结合清园清树，努力做好采果后果园的各项管理工作。

(1)深翻施肥 在果实采收后进行全园深翻，可以结合深翻施基肥，施肥以有机肥为主、化肥为辅，有机肥以腐熟的动物粪便、人粪尿、人工沤制的土杂肥、饼肥等为主，也可用生物有机肥，每667

米^{2}施优质农家肥3 000千克以上，施用时混入尿素30千克，过磷酸钙30千克，硫酸钾15千克，硼、钙肥各3～5千克。还可加入大量有机质，如麦秸、麦糠、玉米秸、豆秸、树叶、杂草等，可掺入少量氮肥，以利有机质的分解。

(2)浇水 施肥后要进行浇水，特别是对深翻后的果园要浇水，一定要浇透。冬前浇水可以提高树体的抗寒能力，减轻冻害。

(3)保叶 叶片的多少及叶片质量的好坏，直接关系到翌年的产量和果实品质，保护好叶片可以增加树体的储藏营养，因此采果后必须采取保叶措施。可以喷施保护性杀菌剂，叶部病害严重的果园可喷施内吸性杀菌剂以防病菌再侵染。

(4)叶面喷肥 苹果采收后，叶片仍进行光合作用制造一定的有机营养。在果树生长后期进行叶面喷肥，同样能提高光合能力，增加树体营养积累，为翌年的生长结果打好基础。在果实采收后，可喷1～2次磷酸二氢钾200～300倍液。落叶前叶面喷肥有利于克服大小年结果现象，提高翌年花芽质量。

(5)防治病虫 要检查刮治腐烂病等枝干病害。刮除树干上的粗翘皮和病瘤，刮后及时涂药，同时全园喷1次铲除性杀菌剂，如戊唑醇、腈菌唑等。

(6)清园清树 果园内的落叶、病虫果、枯枝、干病疤、杂草以及树体老翘皮，尤其是摘袋后丢弃在果园内的果袋都是病菌、害虫的越冬场所。将其彻底清理，就可有效地减少越冬病虫基数，为翌年病虫害防治奠定良好的基础。所以，采果后要认真、细致地进行清园清树工作，对落叶、杂草等集中深埋、烧毁或加以利用(如作为高温堆肥原料)，可有效消灭越冬虫源和菌源。

(7)冬季修剪 落叶后可进行冬剪，依所培养的树形、树龄及树势等确定适宜的修剪量，大的剪锯口最好涂果树枝干保护剂。

五、病虫害综合防控

(一)关键技术

1. 苹果园病虫害防控措施

(1)农业防控　通过栽培措施防控病虫害。如苹果的种植制度、果园的合理布局以及从萌芽到果实收获期间的各项技术管理措施,都有可能被利用来防控病虫害。这类防控方法历史悠久,应用普遍,不增加额外的防控成本,不会产生害虫抗药性,不杀伤天敌,不污染环境等。生产中最常用的如秋耕、清园等均可消灭越冬害虫,降低翌年苹果园虫口发生基数;采取适当的栽培管理措施,改善苹果园内的小气候,以达到调控园内温、湿度的目的,从而降低害螨、病害的发生和危害等。

(2)物理机械防控　利用物理因子或机械作用来防控病虫害,包括从人工、简单器械到应用近代生物物理技术,如人工剪除、捕杀、诱杀,高低温的利用及高频电、微波、激光等。这类防控措施,通常作为一种辅助措施,一般无不良作用产生。

(3)生物防控　利用生物或其代谢产物来防控病虫害。通常利用天敌如寄生性或捕食性昆虫、病原物及其他动物(鸟类、哺乳类等)来抑制病虫的危害。以天敌昆虫来防控害虫的基本途径是:保护利用本地自然天敌;人工饲养、繁殖释放天敌;从外地引进有效天敌。据不完全统计,苹果园的天敌达 200 多种,分属于昆虫纲的 6 目,37 科,180 多种和蛛形纲的 3 目,10 科,30 余种。这类防控措施一般也不会有副作用。

(4)化学防控 利用各种来源的化学物质及其加工品来防控病虫害。这类防控方法具有速效直观、杀虫杀菌范围广、使用方式简便等优点。但如果施用不当就易使病虫害产生抗药性、大量杀伤天敌及污染环境、对人畜安全产生影响。近年来,生物源农药和矿物源农药发展迅速,品种很多,对苹果树病虫害均有较高的防控效果,同时还能保护环境和天敌,应大力提倡应用。

(5)植物检疫 依据国家法规,设置专门机构对植物及其产品实施检验处理,防止危险性病虫杂草从一个国家、一个地区传播蔓延到新的国家或地区,如苹果蠹蛾、苹果吉丁虫、美国白蛾等。

(6)其他防控新技术 随着现代科学技术的发展,人们在不断开拓新的防控技术途径,提高了综合防控技术水平。例如,利用钴-60辐射造成昆虫的不育;利用昆虫性外激素合成性诱剂;以及应用基因工程技术培育抗虫抗病良种等。

2. 病虫害防控的对症施药、适时施药

(1)对症施药 不同的防控对象,对不同药剂的反应各不相同;同一防控对象,对药剂的反应也不相同;另一方面,由于各种药剂的化学结构、理化性质不同,药剂对各种防控对象的活性也不同,某些药剂只能对某些甚至某种对象有效,对其他防控对象则无效。所谓广谱性杀虫剂、杀菌剂,只是防控的对象多一些。如杀菌剂中的硫制剂对白粉病菌有效,对霜霉病菌则无效;而铜制剂则对霜霉病菌有效,对白粉病菌则无效。因而,应根据防控对象的种类和主次关系,选择施用高效、低毒、低残留或是选择性强的药剂,做到一药多治,从根本上来减轻农药对苹果园生态系统的破坏作用。

(2)适时施药 首先,根据病虫的发生危害特点和药剂的性能,抓住有利时机,适时进行防控。例如,使用保护性杀菌剂,应在病菌尚未侵入组织前施药;防控钻蛀性害虫,在害虫卵孵化高峰期,大量幼虫尚未钻蛀前施药;防控食叶类害虫如舟形毛虫、步曲

等要在幼虫低龄期施药,都会取得较好的防控效果。其次,改变那种见虫就治、治虫务尽的做法。病虫害在苹果园全年都有发生,数量少时,对苹果树不致造成危害,只有在数量发展到一定程度时,才能成灾。因而,每个苹果园都要根据自己的实际情况,研究制订出适合本园的防控指标。当防控对象达到防控指标时适时用药,可有效地控制危害。另外,注意风雨天避免喷药。

3. 病虫害防控的安全用药、轮换用药

(1)安全用药　指在药剂对病虫害有效的基础上,保证对果树和人、畜、鸟、蜂等的安全。产生药害的原因是多方面的:一是有些药剂如砷、铜、钙等水溶性强的无机制剂,容易对苹果树产生药害;二是有些苹果品种对某些药剂反应敏感,容易造成药害;三是气候因素对药害发生的影响很大,如使用石硫合剂时在高温天气极容易产生药害。因而,要根据果树种类、生育期和天气情况合理施药,切不可随意施用。农药对防控对象有毒,对人、畜也有毒,有些对人、畜毒性还相当大。为了防止人、畜中毒,应做到安全用药,尽可能使用高效低毒、低残留农药。在苹果临近采收期,禁用毒性高、残留大的农药,以确保人、畜安全。现在,因广谱性杀虫药、杀菌药的大面积应用,往往是害虫被消灭的同时,天敌也被消灭了,以致引起一些新的或原来次要的病虫害猖獗发生。因而,应尽量选用对病虫害效果好而对天敌影响小的选择性杀虫、杀菌药。

(2)轮换用药　为了避免或延缓病虫抗药性的产生和发展,不要长期使用单一药剂,而应轮换使用不同作用机制的农药;或将不同作用机制的农药混用;或加用能抑制解毒酶系的增效剂。在施药方式上,根据具体情况,采取局部用药、分散用药、隐蔽施药等,对保护天敌和延缓抗药性均有良好作用。此外,除了掌握防控适期、减少用药次数及用药量外,还要重视提高药剂的有效利用。

4. 病虫害防控的准确施药、方法得当

(1)准确施药 每种农药针对不同的防治对象,都有自己确定的使用剂量,这些标准是通过反复试验后总结出来的,一般来说是合适的。在使用时不应随意增加用量,以免发生药害和人、畜中毒等事故。在施药时,还应根据防控对象的危害特点、药剂品种和剂型特性采用正确方法施药,如乳油、可湿性粉剂、水剂可以加水稀释喷雾。喷洒农药要求均匀周到,特别是无内吸性的触杀剂和保护剂,只有保证喷药质量,才会取得较好的防控效果。

(2)果园施药方法 果园常用的施药方法有喷雾法、诱集法、树下表土处理法和树干涂抹法等。喷雾法是目前应用最广的一种施药方法,它通过喷雾器、喷雾机,把药液雾化并喷出来,均匀分散到病虫及果树的枝、叶、果表面,起到防病治虫的作用;诱集法如性诱剂诱杀金纹细蛾、卷叶蛾类等,树干绑草把诱杀山楂叶螨、刺蛾类等害虫;表土处理方法是指把药剂均匀喷洒在土表上,通过耕耙将药剂翻于土壤表层中,用以防控表土内病虫害的方法。这种方法可对某些害虫实行树上害虫树下治,如防控越冬桃小食心虫,在5月下旬至6月中旬出土盛期,用75%辛硫磷乳油对树干周围进行土壤处理,可有效地防控桃小食心虫的危害;树干涂抹法是将具有内吸性的农药稀释成高浓度或加入其他辅助剂后,涂抹在果树干上被植株吸收传导,起到防控病虫害的作用。例如,用甲基硫菌灵可湿性粉剂,加入一定量的植物油调成油膏,或用稀释10～15倍的腐必清农药,涂抹在刮治后的苹果树腐烂病疤上,可有效地防控苹果树腐烂病复发。

5. 农药的混配

农药的合理混配有很多优点:一是可以提高农药的增效作用,2种以上农药复配混用、各自的致毒作用相互发生影响,产生协同

作用的效果，比单用其中任何 1 种农药效果都好。二是一药多治扩大使用范围。苹果树一般常常有几种病虫害同时危害，科学地使用 2 种以上农药混配，施药 1 次，可收到对几种病虫的防控效果。三是克服延缓病虫的抗药性。1 种农药使用时间过长，有的病虫会产生抗药性，将 2 种以上农药混合施用就能克服和延缓有害生物对农药的抗药性，从而保证了防控效果。四是降低农药的消耗成本。在病虫发生季节，重叠发生病虫的情况较多，如果逐一去防控，既增加防控次数，又增加农药用量，如用 2 种以上的农药混用，既可防控病害，又可消灭虫害，同时减少用药次数，节省用药量和工时，从而降低成本。五是保护有益生物减少污染，多次使用农药，会使有益生物遭受其害，农药混合施用后，可减少施药次数和用药时间，相对地给有益生物一定的生成时间，又可减少农药对环境污染的负面效应。

在混配农药时，必须注意以下 4 点：一是不应影响有效成分的化学稳定性。农药有效成分的化学性质和结构是其生物活性的基础，混用时一般不应让有效成分发生化学变化，而这种化学变化的可能后果之一是有效成分的分解失效。有机磷类和氨基甲酸酯类农药对碱性较敏感，菊酯杀虫药和二硫代氨基类杀菌药在较强碱性条件下也会分解。酸性农药与碱性农药混用后，会发生复杂的化学变化，破坏其有效成分。有些农药品种可在碱性不太强的条件下现混现用，但混配后不能放置过久。二是不能破坏药剂的物理性能，两种乳油混用，要求仍具有良好的乳化性、分散性、湿润性；两种可湿性粉剂混用，则要求仍具有良好的悬浮率及湿润性、展着性能。这不仅是发挥药效的条件，也可防止因物理性能变化而失效、减效或产生药害。三是农药的混配价格要合理。除了使用时省工、省时外，混用一般应比单用成本低些，同样的防控对象，一般成本高的与成本低的农药混用，只要无拮抗作用，往往具有明显的经济效益。较昂贵的新型内吸性杀菌药与较便宜的保护性菌剂品种混用;较昂贵的菊酯类农药与有机磷杀虫药混用,都比单用的成本低。四是注意混配药剂的使用范围。要明确农药混配后的使用范围与其所含各种有效成分单剂的使用范围之间既有关系,又有区别。混配农药必须在使用范围上有自己的特点,这样混配才有效果。

6. 农药的稀释

(1)可湿性粉剂的稀释方法 通常采取两步配制法,即先用少量水配制成较浓稠的母液,进行充分搅拌,然后再倒入药水桶中进行最后稀释。两步配制法需要注意的问题是,所用的水量要等于所需用水的总量,否则,将会影响预期配制的药液浓度。

(2)液体农药的稀释方法 要根据药液稀释量的多少及药剂活性的大小而定。防控用液量少的可直接进行稀释,即在准备好的配药容器内盛好所需用的清水,然后将定量药剂慢慢倒入水中,用棍轻轻地搅拌均匀,便可供喷雾使用。如果在大面积防控中需配制较多的药液量时,就需要采用两步配制法,其具体做法是先用少量的水,将农药稀释成母液,再将配制好的母液按稀释比例倒入准备好的清水中,搅拌均匀为好。

(3)颗粒剂农药的稀释方法 颗粒剂农药有效成分较低,大多在5%左右,所以颗粒剂可借助于填充料稀释后再使用,可采用干燥均匀的小土粒、炉渣或同性化学肥料作填充料,使用时只要将颗粒剂与填充料充分拌匀即可。但在选用化学肥料作为填充料时一定要注意农药和化肥的酸碱性,避免混后引起农药分解失效。

7. 波尔多液的配制与使用

根据不同使用时期和不同的防控对象,配制波尔多液用的硫酸铜、生石灰和水的比例不同,其比例关系通常写为硫酸铜∶石灰∶水。常用的有3种形式,即等量式(1∶1∶200)、半量式

(1∶0.5∶200)和倍量式(1∶2∶200)。苹果树常用石灰倍量式和多量式液(1∶2～3∶200～300)。配制波尔多液的方法一般有2种:一是两液法,即把总水量的各半份分别溶解硫酸铜和生石灰,然后把二者慢慢倒入第三个容器中,边倒边搅拌均匀;二是用总水量的20%配制石灰乳,80%配制硫酸铜溶液,然后将稀硫酸铜液慢慢倒入浓石灰乳中,边倒边搅拌,使反应在强碱介质中进行。按上述方法配制的波尔多液,质量好,胶体性能强、不易沉淀。

8. 石硫合剂的熬制与应用

熬制石硫合剂所用的生石灰要求色白、质轻、无杂质;硫磺粉的细度要通过40目的细筛;水要用硬度较小的净水。

方法一:熬制石硫合剂用前、后锅灶,前锅熬石硫合剂,后锅温水。原料比例为石灰∶硫磺∶水=10∶14∶150。熬制方法:先在前锅内加足水烧火,当锅内温度达到烫手程度时,取出几升水将硫磺粉化成糊状,而后倒入锅内。当水温达到80℃左右时,将选好的石灰块放入锅内,锅内温度很快达到沸腾程度,加石灰后熬制45分钟左右起锅。熬煮超过50分钟后,浓度开始下降。在锅内放置5～7块馒头大小的石块,熬煮时可盖上锅盖而不产生溢锅现象。熬完一锅后,用后锅的温水再接着熬下锅可节约燃料。此方法具有熬制的原液度数高、用时较短、工效可提高1倍,并且不用搅锅、省力、节燃料,还可利用生石灰的热效应使反应充分,硫磺粉不留残渣等优点。

方法二:生石灰、硫磺粉、水的配比为1∶1.7∶11,洗衣粉的用量为水重的0.2%～0.3%。锅内加入所需量的水,大火加热。按比例称好硫磺和生石灰备用,待水温达40℃～50℃时,将硫磺粉倒入锅内,添加适量的洗衣粉并搅拌,因洗衣粉能降低水的表面张力,所以硫磺粉能迅速而均匀地分散到水中。待水温达80℃～90℃时,将生石灰慢慢放入锅中,迅速不停地搅拌,并把火头压小。

一旦发现溢锅苗头,浇进少量冷水即可。煮沸后开始计时,并注意观察颜色的变化,把握好最佳火候。当药液呈砖红色时,说明火候还不够;当药液变成墨绿色时,说明火候已过,药效会降低;当药液由砖红色刚变为红褐色时,要立即停火。停火后,药液利用自身余热,仍在继续反应,很快药液由黑褐色变成香油色,冷却后测定浓度可达 23 波美度以上。

(二)疑难问题

1. 如何防控桃小食心虫(桃蛀果蛾)危害?

(1)危害症状 桃小食心虫以刚孵出的小幼虫蛀入果内,先在果肉中纵横窜食,蛀成弯弯曲曲的隧道,并排粪于隧道中。然后进入果心,取食种子周围的果肉,并排出红褐色颗粒状粪便堆积在果心处,俗称“豆沙馅”。幼虫蛀果孔很小,不易发现,果面上见到的直径 1~2 毫米的孔眼是幼虫的脱果孔。幼果期被蛀食,可形成果面凸凹不平的“猴头果”,果实近成熟期被蛀食则果形正常。

(2)生活史及习性 桃小食心虫在河北省 1 年发生 1~2 代,以老熟幼虫在土中结茧越冬,冬茧一般在地表下 13 厘米以内的土中,以 7 厘米以上最多,水平方向的分布随地形、土壤、果园管理等情况不同而不同。在树盘内土壤松软无杂草的平地果园,冬茧集中在树冠下遮阴处,以距树干 1 米范围内最多;如果树下杂草丛生,则冬茧分散;在山地果园,由于地形复杂,冬茧的分布更分散。

第二年当旬平均温度达到 17℃时(河北省一般在 5 月上中旬),越冬幼虫开始出土,一般延续 2 个月。能否顺利出土则与5~6 月份的降雨情况有密切关系。如有适当的降雨,则幼虫连续出土,5 月底至 6 月初达到高峰;如果降雨,则在雨后出现出土高峰;如果长期缺雨干旱则越冬幼虫会干死。据测定:土壤含水量在10%以上时,幼虫能顺利出土,在 5%时仅一半幼虫能出土,低于

3%则大部分幼虫会干死。

越冬幼虫出土后在地面上的树干旁、土石块下、草根旁等处做夏茧在其中化蛹。越冬代成虫盛发于6月下旬至7月上中旬。成虫昼伏夜出，寿命4～6天，卵产在果实上，90%以上产在萼洼处。桃小第一代卵的发生期与越冬代成虫的发生期大致相同，卵期约8天。越冬代成虫的发生盛期后8天即为初孵幼虫盛期。幼虫出卵后在果面爬行几小时，找到适当部位后便蛀入果内，在果内生活25天左右老熟，咬一脱果孔从果内脱出落到地面，随即入土做冬茧越冬或在地面上做夏茧化蛹继续发生第二代。据在河北省中南部观察，7月25日前脱果的几乎全部做夏茧化蛹，8月下旬脱果的全部入土做冬茧开始越冬，脱果越晚做冬茧的比例越高。

(3)防控方法

①人工防控　平原区果园秋季采收后或春季5月中旬，用筛孔直径2.5毫米的筛子，筛距树干1米范围内深13厘米的表土，将筛出的冬茧集中消灭或用于测报；春季越冬幼虫出土前，在距树干1米直径的范围内，撒厚5厘米左右的土压实，可阻止出土幼虫做夏茧化蛹和成虫羽化。用地膜覆盖树盘也能获得相同的效果；及时摘拾虫果，并集中处理，消灭其中的幼虫。

②药剂防控　越冬幼虫连续出土时，整平树下土面，将药液或药粉撒于树干周围1米的范围内，然后耙一下使药剂均匀分布于13厘米深的土层内；树下地面不平整、杂草多而地形复杂的山地果园应扩大施药范围。一般施药2～3次即可收到良好的防控效果。可选用的药剂有：25%辛硫磷微胶囊剂每667米^2 0.5千克，对水5升，或混合细土50千克撒施；50%辛硫磷乳剂500倍液喷洒或配成药土撒施，施药要均匀，然后耙平。在各代产卵盛期和孵化盛期树上喷药，每代喷1～2次。可选用20%氰戊菊酯乳油2 000倍液，或2.5%溴氰菊酯乳油2 000倍液，或1.8%阿维菌素乳油3 000～4 000倍液，或25%灭幼脲3号悬浮剂1 500倍液等。

2. 如何防控梨小食心虫危害?

(1)危害症状 梨小食心虫幼虫蛀入果实内取食果肉,并深入果心,食害种子。幼虫从蛀入孔排出大量虫粪,引起虫孔周围腐烂变褐。早期被害果易脱落。

(2)生活史及习性 梨小食心虫在我国各地的发生代数因气候差异而不同。在华北地区1年发生3～4代,梨小有转主危害习性。在发生3～4代地区,第一、第二代幼虫主要危害桃梢,第三、第四代幼虫主要危害果实。无论发生几代,均以老熟幼虫在枝干裂皮缝隙、树洞和主干根颈周围的土中结茧越冬,第二年春季4月上中旬开始化蛹,直至6月中旬。发生期很不整齐,造成世代重叠。完成1代需40天左右。在华北地区危害苹果的主要是三至四代幼虫。成虫多产卵在果面,每雌虫产卵70～80粒,成虫对糖醋液有趋性。

(3)防控方法

①人工防控 刮老树皮消灭越冬幼虫;春、夏季剪掉梨小危害的桃梢;受害严重的果园于5月份进行果实套袋;成虫发生期利用梨小性诱剂诱杀成虫或迷向,同时进行测报,喷药适期在成虫高峰后4天。

②药剂防控 可选用的药剂及浓度为:20%氰戊菊酯乳油1 000～1 500倍液、2.5%高效氯氟氰菊酯乳油1 500～2 000倍液、1.8%阿维菌素乳油3 000～4 000倍液、25%灭幼脲3号悬浮剂1 500～2 000倍液、20%除虫脲悬浮剂4 000～6 000倍液等。一般根据虫情,树上交替施药2～3次,间隔10～15天。

3. 如何防控山楂叶螨危害?

(1)危害症状 山楂叶螨是苹果树上最主要的害虫之一,以各种虫态在叶片背面刺吸危害。被害叶片初期叶面出现失绿斑点,后逐渐连成片，最后全叶焦枯并脱落。虫量大危害严重时，8 月份叶片就大部分脱落，甚至 2 次开花，影响当年产量，更重要的是造成树势衰弱，影响第二年以及以后几年的产量，并且由于树势衰弱还易引起其他病害的发生。

(2)生活史及习性 山楂叶螨在北方苹果产区 1 年发生 6～9 代。以受精雌成螨在树干翘皮下、粗皮缝隙内及靠近树干基部的土块缝里越冬。越冬雌成螨于翌年春天果树花芽膨大时，开始出蛰上树，待芽开绽时即转到芽上危害，展叶后再转到叶片上危害。整个出蛰期长达 40 天左右。出蛰雌成螨危害 7～8 天后就开始产卵，盛花期前后为产卵盛期。卵期 8～10 天，落花后 10～15 天是第一代卵孵化盛期。第二代以后，世代重叠，随气温升高，发育加快，螨口密度逐渐上升。从 5 月下旬起种群数量剧增，逐渐向树冠外围扩散危害。6 月中旬至 7 月中旬是发生危害高峰期。7 月下旬以后由于高温、高湿，螨口密度明显下降，越冬雌成螨也随之出现，9～10 月份大量出现越冬雌成螨。山楂叶螨不活泼，常以小群体在叶背面危害，吐丝结网，卵多产在叶背主脉两侧及丝网上。雌成螨可行孤雌生殖。每雌产卵 60～90 粒。早春成虫多集中在内膛枝危害，第一代成螨以后渐向树冠外围扩散危害。一般高温干旱年份易大发生，降雨多的年份发生轻。

(3)防控方法

①人工防控 成年树早春结合防控其他病虫刮除主干和主枝上的粗皮并集中处理消灭越冬雌成螨；越冬前(8 月下旬)树干绑草把诱集越冬雌成螨，发芽前解下烧掉；保护利用天敌，捕食叶螨的天敌主要有食螨瓢虫类、花蝽类、蓟马类、隐翅甲类和捕食螨类等几十种，这对控制叶螨种群数量消长起到了重要作用，因此果园用药要尽量选用对天敌影响较小的农药品种。

②药剂防控 根据物候期抓住苹果花前、花后和麦收前后 3 个关键期进行防控。防控指标(平均单叶活动螨数)：6 月份以前

4～5 头，7 月份以后 7～8 头。可选用药剂及浓度为：1.8％阿维菌素乳油 4 000～5 000 倍液、5％氟虫脲乳油 1 000 倍液、20％四螨嗪悬浮液 2 000～3 000 倍液、15％哒螨灵乳油 2 000～3 000 倍液、5％噻螨酮乳油或 25％三唑锡可湿性粉剂 2 000 倍液。7～8 月份还可用 20％甲氰菊酯乳油或 2.5％高效氯氟氰菊酯乳油 3 000 倍液防控桃小食心虫时，兼治山楂叶螨。

4. 如何防控二斑叶螨危害？

(1)危害症状 二斑叶螨主要在叶片背面刺吸汁液。多聚集在主脉两侧取食，危害初期，叶片正面出现若干针眼般枯白小点，以后小点增多，以致整个叶片枯白。虫口密度较大时，叶背面上结一层白色丝网，严重时造成叶片焦枯脱落。

(2)生活史及习性 二斑叶螨在北方果区 1 年发生 7～9 代，以受精雌成螨在枝干裂缝、老翘皮下、果树根颈部、杂草或覆草下越冬。春季果树发芽(气温 10℃以上)越冬雌成螨开始出蛰。树下地面越冬的雌成螨出蛰先在杂草上取食，然后才上树危害。树上越冬的雌成螨先在树冠内膛危害，以后再扩展到全树。二斑叶螨以 7～8 月份发生危害最重，9 月以后陆续出现橙黄色越冬型雌成螨，寻找越冬场所越冬。二斑叶螨的发育历期短，在 20℃～25℃下，完成 1 代仅需 8～10 天。每雌产卵量 100 余粒。该螨的抗药性很强，一般杀螨剂难以控制其危害。

(3)防控方法

①人工防控 成龄树早春结合防控其他病虫刮除主干和主枝上的粗皮并集中处理，消灭越冬雌成螨；越冬前(8 月下旬)树干绑草把诱集越冬雌成螨，发芽前解下烧掉；保护利用天敌，捕食叶螨的天敌主要有食螨瓢虫类、花蝽类、蓟马类、隐翅甲类和捕食螨类等几十种，这对控制叶螨种群数量消长起了重要作用，因此果园用药要尽量选用对天敌影响较小的农药品种。

②药剂防控　可选用药剂及浓度为：1.8%阿维菌素乳油4 000～5 000倍液、15%哒螨灵乳油1 500～2 000倍液、5%氟虫脲乳油1 000倍液、20%四螨嗪悬浮液2 000～3 000倍液、5%噻螨酮乳油或25%三唑锡可湿性粉剂2 000倍液。

5. 如何防控苹果全爪螨危害？

(1)危害症状　苹果全爪螨若螨和成螨均可危害苹果叶片和芽，被害芽不能正常萌发，严重时枯死。叶片受害初期呈现灰白色斑点，严重时叶片表面布满螨蜕，但不落叶。苹果全爪螨成螨主要在叶片正面活动，幼螨多在叶片背面，一般不吐丝结网。

(2)生活史及习性　在东北、华北苹果产区1年发生6～7代。以卵在短果枝、果台和2年生以上枝条的背阴面越冬，发生严重时主侧枝、主干上都存有越冬卵。翌年春当日平均温度达10℃左右时，苹果花芽膨大期，越冬卵开始孵化。越冬卵孵化期较集中，一般2～3天大多数卵可孵化，孵化历期为15天左右。越冬代成虫的发生期比较整齐，苹果盛花至落花期为成螨发生盛期，落花后7天为第一代成螨产卵高峰期。6月上旬发生第二代成螨，以后各世代重叠。在7月上旬以前大约发生3代，7月中旬以后发生3～4代。6～7月份是全年发生危害的高峰期。7月下旬以后，由于高温、高湿，虫口密度显著下降。晚秋季节虫口密度常有所回升。8月以后产卵越冬，每头雌成螨平均产卵45粒，最多150粒。

(3)防控方法

①保护利用天敌　捕食叶螨的天敌主要有食螨瓢虫类、花蝽类、蓟马类、隐翅甲类和捕食螨类等几十种，这对控制叶螨种群数量消长起了重要作用，因此果园用药要尽量选用对天敌影响较小的农药品种。

②药剂防控　春季药剂防控重点应放在越冬卵孵化期。夏季按防控指标(平均单叶活动螨数)防控：6月份以前4～5头，7月份

以后 7～8 头。可选用药剂及浓度为：1.8％阿维菌素乳油 4 000～5 000 倍液、5％氟虫脲乳油 1 000 倍液、20％四螨嗪悬浮液 2 000～3 000 倍液、15％哒螨灵乳油 2 000～3 000 倍液、5％噻螨酮乳油或 25％三唑锡可湿性粉剂 2 000 倍液。7～8 月份还可用 20％甲氰菊酯乳油或 2.5％高效氯氟氰菊酯乳油 3 000 倍液防控桃小食心虫时，兼治苹果全爪螨。

6. 如何防控卷叶蛾类危害？

(1)危害症状

①顶梢卷叶蛾　主要危害新梢，把顶梢卷成一团，外部粘有茸毛，取食嫩叶和幼芽。发生严重时，被害梢率达 60％以上，严重影响新梢的生长发育和苗木的生长。

②苹果小卷叶蛾　主要危害幼芽、花苞、叶片和果皮。当没有果实的时候，幼虫吐丝缀连叶片，将数片叶卷曲成团，潜居缀叶中危害；有果后将叶片粘贴于果面，在其中啃食果皮及果肉，使被舔食的果面上出现一个个小洼坑。

③苹果大卷叶蛾　主要危害幼芽、嫩叶和果实，在卷叶内取食叶肉，在果与果、果与叶间，将果面舔食成较深的坑。

④苹果褐卷叶蛾　主要危害嫩芽、嫩叶和花蕾，有果时用丝连接叶片贴在果面，幼虫在内将果面舔食成一片片凹陷。

⑤黄斑卷叶蛾　主要危害花芽、新叶和果实，常将数片叶卷曲成团，将果皮食成片状小坑。

(2)生活史及习性

①顶梢卷叶蛾　顶梢卷叶蛾在河北省 1 年发生 2 代，以幼虫在枝梢顶端卷叶团中结茧越冬，翌年春季苹果发芽(气温 10℃以上)时开始出蛰危害芽，展叶后卷叶继续危害。幼虫老熟后，在卷叶团中化蛹，蛹期 11～17 天。越冬代成虫 5 月下旬开始出现，盛期在 6 月上旬，成虫产卵于新梢中部叶片背面，卵期 4～7 天，孵化

出的幼虫继续卷叶危害，老熟后仍在卷叶团中化蛹，第二代幼虫8月份危害秋梢。一年中以春季越冬幼虫和第一代幼虫对芽和春梢造成的损害最重。

②**苹果小卷叶蛾** 1年发生3～4代。以低龄幼虫在苹果树的剪锯口、翘皮下、粗皮裂缝等处结小白茧越冬。翌年春苹果花芽萌动后开始出蛰，金冠苹果盛花期为出蛰盛期，国光苹果初花期幼虫出蛰基本结束，出蛰期长达25天左右。在华北果区各代成虫羽化盛期：越冬代6月上中旬，第一代7月下旬至8月上旬，第二代9月中下旬，第三代10月上中旬。幼虫期(1～2代)为18～26天，蛹期8～11天，完成1代约需45天。10月份以低龄幼虫越冬。

③**苹果大卷叶蛾** 苹果大卷叶蛾在辽宁、河北、陕西等地1年发生2代，以幼龄幼虫结白色薄茧越冬，越冬部位为苹果树的剪锯口、翘皮下、粗皮裂缝等处，翌年春苹果花芽开绽时出蛰危害嫩叶，稍大后卷叶危害。老熟幼虫在卷叶内化蛹，6月上旬出现成虫，发生盛期在6月中旬。第一代幼虫发生在6月下旬至7月上旬，8月份发生第一代成虫，盛发期在8月中旬。幼虫在10月份开始越冬。

④**苹果褐卷叶蛾** 苹果褐卷叶蛾在河北、山东、陕西南部等地1年发生2～3代。以幼龄幼虫结白色薄茧越冬，越冬部位、出蛰时期、危害习性与苹果小卷叶蛾相似。越冬代成虫发生期在6～7月份，7～8月份发生第一代幼虫，8月中旬至9月下旬发生第一代成虫，第二代幼虫于10月中下旬开始越冬。成虫主要产卵于叶背面，少数产在果上。初孵幼虫群栖叶上取食叶肉，将叶片吃成网孔状，稍大后吐丝连缀叶片，幼虫在其中危害，有时啃食果皮。

⑤**黄斑卷叶蛾** 黄斑卷叶蛾在辽宁、河北、山东、山西等地1年发生3～4代，以冬型成虫在果园落叶、杂草、阳坡的砖石缝隙中越冬。翌年春果树发芽时，成虫开始出蛰活动并产卵。在山西，第一代幼虫发生在4月中旬，6月上旬出现成虫；第二代幼虫发生期

在6月中下旬，8月上旬出现成虫；第三代幼虫发生在8月中旬，9月上旬出现成虫；第四代幼虫期在9月中旬，10月中旬出现越冬代成虫。除第一代卵期约20天外，其他卵期为4～5天。成虫抗寒力较强，多在白天活动。越冬代成虫产卵于枝条上，以叶背较多。在老叶上产卵较新叶上多，卵散产。第一代幼虫孵化后先危害花芽，再危害叶簇和叶片，以后各代幼虫主要危害叶片，老熟幼虫大部分都转移到新叶内卷叶做茧化蛹。

(3)防控方法

①人工防控　冬季和早春发芽前刮粗皮、翘皮和剪锯口，清理树下杂草落叶，集中烧毁或深埋；结合修剪彻底剪除被害梢顶端的卷叶团，并集中起来消灭其中的越冬幼虫，这样可基本控制当年顶梢卷叶蛾的危害。如已造成危害，可在成虫羽化前及时捏死当年虫包中的幼虫或摘下虫包杀虫，此项措施最经济有效，是主要的防控措施。

②药剂防控　在越冬代幼虫出蛰期和第一代幼虫孵化盛期是药剂防控重点，以后各代可结合防控其他害虫时兼治。主要药剂有25%灭幼脲3号胶悬剂2 000倍液、48%毒死蜱乳油2 000倍液、1.8%阿维菌素乳油5 000倍液、2.5%高效氯氟氰菊酯或20%氰戊菊酯乳油3 000倍液喷雾。

7. 如何防控潜叶蛾类危害?

(1)危害症状

①金纹细蛾　幼虫在叶背面潜食叶肉，被害叶仅剩下表皮，外观呈泡囊状，透过下表皮可见幼虫及黑色虫粪。叶片正面出现网眼状虫斑，1个虫斑内只有1头幼虫，发生严重时，1张叶片上有多个虫斑，使叶片扭曲皱缩，影响光合作用，并促使早期落叶。

②旋纹潜叶蛾　幼虫在叶内呈螺旋状潜食叶肉，排出的虫粪也呈螺旋状，形成同心轮纹状或椭圆形黑褐色虫斑。严重时，1张

叶片有10余个虫斑，造成果树早期落叶。

③银纹细蛾　幼虫在新梢叶片表皮下潜食成线形虫道，由细变粗，最后在叶缘部分形成大块枯黄色虫斑，虫斑背面有黑褐色细粒状虫粪，被害叶仅剩上、下表皮。

(2)生活史及习性

①金纹细蛾　在辽宁、山东、河北、山西等地1年发生5代，在河南中部地区发生6代。以蛹在被害叶片中越冬。翌年苹果发芽时出现成虫，在辽宁苹果产区，越冬代成虫的发生始期在4月中旬，4月下旬为发生盛期。以后各代成虫发生盛期为：第一代5月下旬至6月上旬；第二代7月上旬；第三代8月上旬；第四代9月中下旬。最后1代的幼虫于10月中下旬在被害叶的虫斑内化蛹越冬。成虫多在早晨和傍晚前后活动，产卵于嫩叶背面，单粒散产。幼虫孵化后从卵与叶片接触处咬破卵壳，直接蛀入叶内危害。幼虫老熟后在虫斑内化蛹，羽化时蛹壳一半露出虫斑外面。

②旋纹潜叶蛾　在辽宁、山西等地1年发生3～4代，山东烟台和陕西发生4代，河北4～5代。以蛹在丝质茧内越冬，越冬场所为枝干树皮裂缝和落叶。在河北省于5月上旬成虫开始羽化，5月下旬出现第一代幼虫，6月中旬出现成虫，第二代幼虫发生在7月上旬，7月中旬出现成虫。第三代幼虫发生在8月上旬，8月下旬老熟，至10月上旬，老熟幼虫陆续到树皮缝或树叶下面吐丝结茧，化蛹越冬。成虫喜欢在晴朗的白天活动，有趋光性，多产卵于光滑的老叶背面，很少产于叶片正面，卵散产。幼虫孵化后从卵壳下直接蛀入叶肉。幼虫老熟后从虫斑脱出，吐丝下垂，随风飘至叶片或枝条上，在凹陷处吐丝做茧化蛹。茧呈梭形，长约4毫米，两端用丝连在叶片或树皮缝中，呈“工”字形。第一、第二代幼虫多在叶片上化蛹，第三代（越冬代）幼虫多在枝干树皮裂缝中化蛹。

③银纹细蛾　在河北1年发生5代。以成虫在枯枝落叶、杂草、土石缝内越冬。第二年5月上中旬出蛰，中下旬产卵。一至末

代成虫分别发生在6月中下旬、7月上中旬、7月下旬至8月中旬、8月下旬至9月上旬、9月中旬至10月中旬，6~9月份都有幼虫危害，世代重叠。成虫产卵多在梢端3～4片叶上，每叶片散产1～4粒。卵期5～8天。幼虫孵化后即蛀入叶内危害。老熟后咬破表皮脱叶爬出，吐丝下垂到枝条下部叶片或被害叶以下2～3片叶背面，然后悬空结梭形白茧化蛹。蛹期6～12天。成虫多日间活动，飞翔力不强。

(3)防控方法

①人工防控　成年树早春刮粗皮控制旋纹潜叶蛾越冬蛹；4月份以前清扫落叶，控制金纹细蛾越冬蛹；秋季树干绑草诱集旋纹潜叶蛾幼虫化越冬蛹，以及银纹细蛾越冬成虫，早春出蛰前解下烧掉；发生量小时，及时摘除虫叶消灭其中的幼虫或蛹；还可以利用性诱剂诱杀金纹细蛾。

②药剂防控　幼虫一旦潜入叶片，药剂防控效果很差，因此必须掌握在成虫发生盛期进行喷药防控。常选用的药剂为25%灭幼脲3号胶悬剂1 500倍液、1.8%阿维菌素乳油5 000倍液、2.5%高效氯氟氰菊酯或20%氰戊菊酯乳油3 000倍液、50%敌敌畏乳油1 500倍液喷雾等。

8. 如何防控梨花网蝽危害?

(1)危害症状　以成虫、若虫群集叶背面危害，吸食叶片汁液，被害叶形成苍白色斑点，叶片背面有褐色斑点状虫粪及分泌物，呈锈黄色，严重时早期脱落。

(2)生活史及习性　此虫在华北地区1年发生3～4代，黄河故道地区4～5代，各地均以成虫在落叶、杂草、树皮缝和树下土块缝隙内越冬，苹果树展叶时开始活动，产卵于叶背面叶脉两侧的组织内，若虫孵化后群集在叶背面主脉两侧危害。由于成虫出蛰很不整齐，造成世代重叠，到10月中下旬，成虫开始寻找适宜场所越冬。

(3)防控方法

①人工防控　消灭越冬成虫，彻底清除树下落叶、杂草，刮除老树皮。9月份树干绑草把诱集越冬成虫加以消灭。

②药剂防控　越冬成虫出蛰上树时，如数量多，可用药剂防控，用药种类及浓度：2.5%高效氯氟氰菊酯、20%氰戊菊酯、2.5%溴氰菊酯等菊酯类农药1 500～2 000倍液、80%敌敌畏乳油等有机磷类农药1 000～1 500倍液等。抓住第一代若虫期喷药防控，选用药及浓度同上。生长季节，交替使用上述药剂连续防控，彻底消灭该虫。

9. 如何防控金龟子类危害?

(1)危害症状

①白星花金龟子　主要危害苹果果实，当果实近成熟时，以成虫群集于果实伤处，食害果肉。

②苹毛金龟子　主要在苹果树花期，以成虫取食花蕾、花朵和嫩叶，发生严重时，将上述部分吃光。

③铜绿丽金龟子　以成虫取食芽、叶片成不规则的缺刻或孔洞，发生严重时，仅留叶柄或粗脉。

④黑绒金龟子　在苹果树刚发芽时，以成虫取食嫩叶、芽及花等，特别是苗木及幼树受害严重。

(2)生活史及习性

①白星花金龟子　1年发生1代，以幼虫在土中越冬，成虫5月上旬出现，发生盛期为6～7月份，9月份为末期。成虫具假死性和趋化性，飞行力强。成虫寿命较长，交尾后产卵于土中，幼虫在土中生活。

②苹毛金龟子　1年发生1代，以成虫在土中越冬，翌年春3月下旬开始出土活动，4月中旬至5月上旬危害最重，5月中下旬成虫活动停止，4月下旬至5月上旬为产卵盛期，5月下旬至6月

上旬为幼虫发生期,8 月中下旬是化蛹盛期,9 月中旬开始羽化,羽化后不出土,在土中越冬。成虫具假死性,无趋光性。

③铜绿丽金龟子　1 年发生 1 代,以幼虫在土中越冬,翌年春 3 月上旬到表土层,5 月份老熟幼虫化蛹,5 月下旬开始出现成虫,危害盛期在 6 月上旬至 7 月中旬,同时也为产卵盛期。卵散产于表土层中,幼虫孵化后移至深土层越冬。成虫具假死性,有趋光性。

④黑绒金龟子　1 年发生 1 代,以成虫在土中越冬,翌年春季 4 月份开始出土活动,4 月下旬至 6 月中旬为盛发期,5～7 月份交尾产卵,卵多产在 10 厘米深的土层内,8 月中旬至 9 月下旬老熟后化蛹,羽化后不出土,在土中越冬。成虫具假死性,无趋光性。

(3)防控方法

①人工防控　利用成虫的假死性于清晨或傍晚振树捕杀成虫;对于有趋光性的铜绿丽金龟子,设灯光诱杀成虫;对于有趋化性的白星花金龟子,用小口容器盛腐熟烂果,加少量糖蜜,挂于树冠间,诱杀成虫;在苹果树施有机肥时,捡拾幼虫和蛹。

②药剂防控　在成虫出土前,树下施药,可用 25%辛硫磷微胶囊 100 倍液处理土壤。在发生严重时可用菊酯类(如 2.5%高效氯氟氰菌酯或 20%氰戊菊酯乳油等)、有机磷类农药(如 80%敌敌畏、48%毒死蜱乳油等)1 500～2 000 倍液防控。

10. 如何防控蚜虫类危害?

(1)危害症状

①苹果黄蚜　以新梢和徒长枝上发生较多。被害叶初期呈现花叶病状,皱缩不平,叶尖向叶背横卷,严重时叶片皱缩干枯,初夏落叶,新梢被害后生长不良。

②苹果瘤蚜　被害嫩芽不能正常展开,被害叶片皱缩,叶缘向背面呈双条形纵卷。叶片小,有红斑,增厚,变脆,最后变黑褐色,

干枯。严重时，被害枝梢嫩叶全部卷成条状，冬天不落。被害枝条变细、弯曲，节间短，芽不充实，不能形成花芽，受害重的枝条翌年枯死。

③苹果棉蚜　危害2～3年生枝的愈合伤口、新梢、叶腋、果洼及露在外面的根。被害处有白色棉絮状蜡质物或疣状虫瘿，时间长后破裂成为大小不同的伤口，严重受害的幼树全株毁灭。

(2)生活史及习性

①苹果黄蚜　1年发生10余代。以卵在芽侧、裂缝内越冬。翌年苹果树发芽时，卵开始孵化，初孵若蚜群集芽、叶上刺吸汁液，10天左右产生无翅胎生雌蚜，兼有有翅雌蚜。自春到秋末，行孤雌生殖，5～6月份有翅蚜飞散继续胎生无翅雄蚜，6～7月份繁殖最快、危害最重，此时产生大量有翅胎生雌蚜，并迁飞他树危害。8～9月份数量渐减，10～11月份产生有性蚜，交尾、产卵越冬，黄蚜终年危害苹果树，无寄主转换现象，属留守型蚜虫。

②苹果瘤蚜　1年发生10余代，以卵在枝梢芽缝、卷叶内越冬。翌年苹果发芽时，孵化为若虫，群集芽、叶危害，长大后发育成无翅蚜，行孤雌繁殖，3～6月份产生有翅蚜，迁飞他树，继续胎生无翅蚜，5～6月份最严重，6月下旬后有菌类寄生，数量减少。10～11月份出现有性蚜，交尾产卵，越冬。

③苹果棉蚜　发生代数因地而异，辽宁省大连地区1年13代，山东省青岛地区17～18代，云南省昆明地区21代。以一至二龄若蚜在苹果树枝干裂缝、伤疤、剪锯口、1年生枝芽芽侧以及根颈基部和树根处越冬。翌年4月份气温达9℃左右时，越冬若虫开始活动，5月上旬气温达11℃以上时开始扩散，迁移至嫩枝上的叶腋、嫩芽基部危害，以孤雌胎生的方式大量繁殖无翅雌蚜。5月下旬至7月上旬为全年繁殖高峰期，8天即可完成1代，大量幼蚜向树冠外围新梢扩散蔓延，危害严重。此时枝干的伤疤边缘和新梢叶腋等处都有蚜群，被害部肿胀成瘤。7～8月份气温较高，不

利于棉蚜繁殖，同时寄生性天敌数量剧增，使虫口减少，种群数量下降，9月下旬以后气温开始降低，日光蜂等天敌数量减少，苹果棉蚜数量又回升，出现第二次危害高峰。进入11月份气温降至7℃以下，若蚜陆续越冬。苹果棉蚜还危害根部，浅层根上蚜量大，深层根部数量较少。根部受害形成根瘤，使根坏死，影响根的吸收功能。一般沙土地果园，苹果棉蚜危害根部严重。

(3)防控方法

①人工防控　在苹果萌芽前后，彻底刮除树皮，剪除虫枝、根蘖，清扫落叶烧毁。苹果蚜虫的天敌有数十种，要尽量保护利用。结合夏剪，及时剪除被害枝条，集中销毁。

②药剂防控　在苹果树发芽前，结合防控叶螨、介壳虫，喷5%柴油乳剂或5波美度石硫合剂杀死越冬的各种蚜虫。4～5月份将树盘内表土扒开露出根部(去掉7～10厘米)，用药剂处理后(见后面防控用药剂)，再将原土覆盖。5～6月份是苹果黄蚜、苹果瘤蚜和棉蚜的猖獗危害期，亦是防控的关键期，因此在麦收前后要进行防控。药剂可选用10%吡虫啉可湿性粉剂3 000倍液、1.8%阿维菌素乳油4 000～5 000倍液、50%抗蚜威可湿性粉剂1 500～2 000倍液。防控苹果棉蚜可用48%毒死蜱乳油1 000倍液或40%完灭硫磷乳油1 000～1 500倍液喷雾。

11. 如何防控天牛类危害?

(1)危害症状

①桑天牛　桑天牛先以幼虫在枝干韧皮部内蛀食，然后进入木质部，并由上向下蛀食，形成长1～2.5米的隧道。在蛀食过程中，每隔一定距离咬一排粪孔，排出红褐色粪便。受害树生长不良。成虫也可啃食嫩枝皮层、幼叶及芽。

②苹果枝天牛　苹果枝天牛成虫危害嫩梢，被害部位呈环钩状裂口；幼虫蛀食枝梢髓部成空筒状，被害部位上有排粪孔，顶部

叶片枯黄。

(2)生活史及习性

①桑天牛　2～3 年发生 1 代,以幼虫在枝干隧道中越冬,老熟后在隧道中化蛹,7～8 月份羽化出成虫,从树干内爬出。成虫常在白天高温时活动和交尾,有假死性,突然敲打枝干即惊落地面,不善飞,易捕捉。寿命长达 40 多天,取食 10～15 天后开始产卵,将树皮咬成长 1～2 厘米的"川"字形刻槽,并在中间刻槽中产 1 粒卵,然后分泌黏液封口。卵多产在 3 年生枝条的阴面,卵期 8～15 天。幼虫孵出后先蛀食韧皮部,不久进入木质部,在幼虫危害期间,虫体位于最下排粪孔的下方。除苹果外,此虫危害杨树、柳树甚烈。

②苹果枝天牛　1 年发生 1 代。以老龄幼虫在被害枝里越冬,翌年 4 月份化蛹,5 月间是化蛹盛期。蛹期 15～20 天;在 5～6 月份发生成虫,盛期集中在 5 月底至 6 月上旬。成虫产卵于 1～2 年生枝条树皮里,产卵前将嫩梢咬成环沟状伤口,在其上咬一纵沟,卵产于其中。卵期 9～13 天。幼虫孵出后蛀入髓部,自上往下蛀食成条状虫道,多把髓部蛀空。被害部位上有排粪孔,虫道内虫粪排出孔外,7～8 月份顶部叶片变黄,逐渐枯死。幼虫老熟后滞育越冬。

(3)防控方法

①人工防控　成虫盛发期,雨后振树捕杀成虫。成虫产卵盛期,发现产卵的刻槽,用器具杀死刻槽内的虫卵或初孵幼虫。及时剪掉枯死枝条,杀死枝内幼虫。保护和招引啄木鸟,控制枝干内的幼虫。

②药剂防控　在幼虫危害期间,先用小木棍插入下边第二个排粪孔,然后将敌敌畏棉球塞入最下面的排粪孔中,再堵上胶泥,1 周内可杀死里面的幼虫。另外,用敌敌畏、辛硫磷等药剂配成 200 倍的药液,用注射器注入 1 个排粪孔(其他孔应先堵住)也可杀死

其中幼虫。

12. 如何防控大青叶蝉危害?

(1)危害症状 以成虫和若虫刺吸苹果树枝叶汁液,影响生长削弱树势。在北方产越冬卵于苹果树枝条皮下,刺破表皮致使枝条失水,常引起冬、春抽条和幼树枯死,是苗木和幼树的重要害虫。

(2)生活史及习性 在北方地区1年发生3代,以卵在苹果树枝条皮层内越冬,春季果树萌芽时孵化为若虫,于杂草、农作物及蔬菜上危害,第一代成虫发生于5月下旬,7～8月份为第二代成虫发生期,9～11月份出现第三代成虫,各代重叠发生。10月中旬逐渐转移到苹果树上产卵,10月下旬为产卵盛期,并以卵越冬。

(3)防控方法

①人工防控 夏季夜晚灯光诱杀成虫;苹果幼树园和苗圃地附近最好不种秋菜,或在适当位置种秋菜诱杀成虫,防止上树产卵。对于1～2年生苹果树,在成虫产越冬卵前用塑料薄膜袋套住树干,或用涂白剂进行树干涂白,阻止成虫产卵。

②药剂防控 在若虫发生期喷药防控,药剂种类及浓度:20%氰戊菊酯、2.5%高效氯氟氰菊酯乳油、2.5%溴氰菊酯乳油1 500～2 000倍液等。

13. 如何防控美国白蛾危害?

(1)危害症状 主要以幼虫危害叶片,低龄幼虫吐丝结网,常数百头幼虫群集网内食尽叶肉,仅留表皮,有的亦可将叶片吃光。五龄以后幼虫分散危害,严重时可将全树叶片吃光。吐丝结的网幕,多分布在枝杈间。

(2)生活史及习性 美国白蛾1年发生2代。以蛹在枯枝落叶、表土层、墙缝等处越冬。在华北地区越冬代成虫于5月下旬始见,盛期在6月上中旬,末期在6月下旬。第一代成虫产卵盛期在

6月上中旬，孵化盛期在6月中下旬，幼虫期在6月中旬至8月上旬。第二代成虫产卵期在7月上旬至8月上旬，幼虫发生期在7月下旬至9月下旬。8月下旬第二代幼虫开始老熟，化蛹越冬。每雌虫产卵数百粒，最高可达2000粒。卵多产在树冠外围叶片背面，形成卵块。幼虫孵化后，吐丝拉网形成网幕，一至四龄群居危害，随着幼虫的生长发育，网幕不断扩大，或者分散成数个小群体危害。五龄后幼虫分散到整个树体危害。幼虫有转移危害的习性。幼虫老熟后沿树干下爬，在树干的老皮下、枯枝落叶及土壤中化蛹越冬。

(3)防控方法

①检疫　严格植物检疫制度，不从疫区调运苗木、水果等。

②人工防控　清除果园杂草、落叶、砖石，破坏其越冬场所。及时清除卵块及幼虫网幕，集中杀死。幼虫近老熟时，在树干近地面1米处束草把，诱集幼虫化蛹，集中消灭。保护利用天敌。

③药剂防控　在幼虫危害期，选用农药进行防控。常用种类及浓度：25%灭幼脲3号乳油1500倍液、20%除虫脲乳油4000～6000倍液、1.8%阿维菌素乳油4000～5000倍液、2.5%高效氯氟氰菊酯或20%氰戊菊酯乳油2000倍液等。

14. 如何防控舟形毛虫危害？

(1)危害症状　以初孵幼虫群集危害，啃食叶肉，仅留下表皮和叶脉呈网状，稍大后把叶食成缺刻或仅留叶柄，严重时把叶片吃光，致使被害枝秋季萌发，造成二次开花。

(2)生活史及习性　此虫每年发生1代，以蛹在树冠下的土中越冬，翌年7～8月份羽化为成虫，盛期在7月中下旬。成虫白天不活动，夜间交尾产卵。卵多产于树体东北面的中下部枝条的叶背，卵期约7天，初孵幼虫多群集叶背，由叶缘向内取食，遇惊扰或振动时，成群吐丝下垂，有假死性。老熟幼虫白天不取食，常头尾翘起，似舟状静止，故称为舟形毛虫。幼虫危害至9月中旬，老熟后沿树干爬下入土化蛹越冬。

（3）防控方法

①人工防控　结合果园翻耕或刨树盘，把蛹翻到土表，或人工挖蛹；在初孵幼虫分散前，及时剪除有幼虫群居枝条；利用该虫吐丝下坠习性，人工振落杀死幼虫；在7月中下旬卵发生期，释放卵寄生蜂灭卵。

②药剂防控　在幼虫发生期进行药剂防控，可选用药剂种类及浓度：20%氰戊菊酯乳油1500～2000倍液、2.5%溴氰菊酯乳油1500～2000倍液、1.5%苏云金杆菌乳剂800倍液，25%灭幼脲3号胶悬剂2000倍液、80亿活孢子/克白僵菌粉剂800～1000倍液、80%敌敌畏乳油800～1000倍液等多种有机磷、菊酯类农药及生物活性制剂。

15. 如何防控绿盲蝽危害？

（1）危害症状　该虫主要以成虫和若虫刺吸危害各种幼嫩组织，叶片受害初期形成针刺状红褐色小点，随着被害叶片的生长，以红褐色小点为中心形成许多不规则孔洞，叶缘残缺破碎、畸形皱缩，俗称“破叶疯”。幼果受害后，多在萼洼被害的吮吸点处溢出红褐色胶质物，以刺吸处为中心，形成表面凸凹不平的木栓组织，以后随着果实的逐渐膨大，刺吸处逐渐凹陷，最终形成畸形果。

（2）生活史及习性　在我国北方地区1年发生4～5代，以卵在苹果、梨、棉花、苜蓿等作物或植物残茬上越冬，翌年3～4月份孵化，5月份出现成虫。成虫寿命30～50天，卵产于枝皮、叶主脉、嫩茎内、每处产卵2～3粒，世代重叠。6月间发生第二代，7～8月份发生3～4代，第五代于9月下旬孵化。10月上旬产卵越冬。在果树上以一至二代危害最重。

(3)防控方法

①人工防控　早春通过修剪、翻埋杂草及棉花残茬等，消灭果树、棉花等寄主植物上的越冬卵，减少虫源基数。

②药剂防控　缘盲蝽的若虫具有跳跃迁移习性，成虫具有飞翔能力，且大部分时间生活在以棉花为主的作物上，所以应采取群防群治，以取得良好的防效。4月中旬卵孵化盛期和5月上中旬的成虫羽化盛期进行药剂防控。可选用药剂种类及浓度：48%毒死蜱乳油1 000倍液、50%敌敌畏乳油1 500倍液、4.5%高效氯氰菊酯乳油1 500～2 000倍液、20%甲氰菊酯乳油1 500～2 000倍液等。

16. 如何防控苹果树腐烂病危害？

(1)危害症状　苹果树腐烂病主要危害结果树的主干、主枝及较大的侧枝，有时幼树和苗木也可受害。腐烂病的危害症状主要有溃疡型和枝枯型2种。在主干和大枝上表现为溃疡型，春季病部树皮外表呈红褐色，略隆起，皮层组织松软，呈水渍状，有酒糟味，手摁易下陷，并流出黄褐色或红褐色汁液，后期病部失水干缩下陷，表面长出许多黑色粒点，这是病菌的子座顶部，其中着生分生孢子器或子囊壳，在雨后或天气潮湿时，孢子器内的胶状物吸水膨胀，释放出橘黄色细丝状的孢子角，俗称“冒黄丝”，其中包含大量分生孢子，遇水可分散。病斑逐渐扩大环绕枝干时，病部以上的树干或大枝即枯死。这种溃疡型病斑在早春发病盛期时发展很快，危害极大。苹果展叶开花进入旺盛生长期后，春季溃疡停止发展，并失水形成深层干斑。夏、秋季节只在落皮层上形成表面溃疡，病变一般局限于树皮表层，扩展范围较大，轮廓不整齐，树皮表层稍软，呈浅褐色或红褐色。春季2～5年生小枝表现枝枯型症状，边缘不明显，不呈水渍状，病斑环绕1周后便全枝干枯。

(2)发病规律　腐烂病在一年中发生呈周期性变化。从夏季落皮层上开始形成表面溃疡，在生长期内，表面溃疡不向深层发展，只局限于树皮表层，危害不显著，果树进入休眠期，病组织中的病菌突破周皮，病变向树皮内层发展，到翌年 2～3 月份达到发病盛期，果树进入生长期后发病渐趋停止。苹果树腐烂病菌在树体生长期内可在病部产生分生孢子器，吸水释放出的分生孢子能随雨水和昆虫传播，到秋、冬季形成子囊壳和子囊孢子。

(3)防控方法

①培育健壮的树势　要加强土肥水管理，及时防控其他病虫害，防止早期落叶，合理修剪并调节、控制结果量。在施肥上应注意多施有机肥，追肥时注意氮、磷、钾肥配合施用，特别是钾肥，对防病、壮树和增产方面都是很重要的。在浇水方面要注意秋季控水、夏季排除积水和春季及时浇水，这对壮树和防病均有重要的意义。

②刮治病斑　春季 2～3 月份进行，此时病斑明显，便于刮治。基本方法是用快刀将病变组织彻底刮除，还要刮去 0.5 厘米左右厚的好组织。刮面要光滑，不留毛茬，刮后涂 10 倍石硫合剂或 2～3 倍松焦油原液乳剂或 5%菌毒清水剂 30～50 倍液等药剂；另外，用 70%甲基硫菌灵可湿性粉剂 1 份加植物油 5～10 份效果也很好。

③刮树皮　5～6 年生以上有落皮层的树，在 5～9 月份均可进行，一般以 5～6 月份刮最好。无论有无病斑，用锋利的刮刀，将主干、主枝基部树皮表层刮去，一般要刮至表层活皮，露出白绿色皮层为止。刮时如发现内部病斑要彻底刮净，刮后创面不加处理（不涂药也不包扎）也不会引起病菌侵染。一般刮后 1 个月即形成新的木栓层，3～4 年不再形成落皮层，使病菌不能定居。应用此法前最好多加肥水，使树体营养充足，因弱树补偿能力差，故应用时要慎重。

④注意果园清洁　及时烧毁或深埋刮下的病皮、病死枝和树

干，对老果园和老弱树要及时更新。

⑤**大病斑的补救** 对较大的病斑，刮治后要及时进行桥接或根接。方法是在发芽后利用伤口下部萌发的徒长枝或萌蘖作接穗，将其上端剪断并削成3～5厘米的斜面，插入伤口上端切有竖口的皮层内，然后用铁钉固定。如果没有徒长枝和萌蘖，将冬剪时剪掉的粗壮的1年生枝于背阴处沙藏，待苹果树发芽时取出，将其两端削成斜面，嵌入伤口上、下端接口，用铁钉固定，最后把接口全部涂上接蜡或用黏泥密封。伤口高的用塑料布条包扎，并用塑料布兜些湿土保持接口外侧湿度。伤口低的可培上湿土，以保持湿度提高成活率。也可在发芽后至8月份，用伤口下部的当年或2年生的徒长枝或萌蘖作接穗靠接。靠接时首先在伤口上端选光滑处，用刀纵向取下长5～7厘米、宽略大于接穗粗度的长方形树皮，露出形成层，并把上部树皮切成斜面，然后在接穗靠近取下树皮的相应位置，削成长5～7厘米、深为接穗粗度1/3～1/2的长削面。将削好的削面紧贴露出的形成层并用绳绑缚，然后包扎塑料布或用塑料布兜土的方法，保持接口处的湿度，最后将接穗削面上部留20～30厘米短截即可。接后2个月或翌年春靠接成活后，解除塑料布和绳，并剪掉接口上部枝条。

17. 如何防控苹果轮纹病危害？

(1)危害症状 果实多于近成熟期和贮藏期发病。果实受害时，以皮孔为中心，形成水渍状黄褐色斑点，并很快向四周扩大。在病斑上有时显现同心轮纹。条件适宜时，几天便使全果腐烂并发出酸臭味。在果园，病斑上一般不产生黑色小粒点。

枝干受害时，以皮孔为中心，形成扁圆形或椭圆形，直径3～20毫米，中心突起，质地坚硬，呈红褐色的病斑。在枝干部形成的疣状突起，一般是8～12月份在2～6年生枝的皮孔上形成。到第二年病斑向周围扩大，特别在富士等品种的枝干上形成很大的病斑，扩大的病斑凹陷之后和健全部位交界处就产生了龟裂，并在病斑上生长出许多小黑点即是病原菌分生孢子器。在主枝或主干上的疣状物很大，呈椭圆形，长径可达15毫米，初期的疣状物只在树皮表面发生，后来渐渐向内侵入，在温暖地带可深达木质部，但引起枝枯的现象还很少，当病斑老化以后，整个主干染病部位变得粗糙。

(2)发病规律 轮纹病菌以菌丝体、分生孢子器和子囊壳在被害枝上的病瘤内越冬，翌年产生分生孢子器，遇湿即散出分生孢子，通过风雨传播侵染果实。分生孢子5～10月份均可散发侵染，6～7月份高湿多雨的气象条件更利于孢子散发。侵染高峰在7月上中旬和8月下旬至9月上旬。发病条件：4～5月份的降雨量大当年发病重，树势弱发病重。轮纹病菌在果实上有潜伏侵染习性，虽开始侵染的时间较早，但8月上旬前一般不发病，发病盛期在8月下旬至9月下旬。

(3)防控方法

①提高抗病力 加强栽培管理，增强树势，提高树体抗侵染能力。新建园注意选用无病苗木，发现病株及时铲除，以防病害蔓延。幼树整形修剪时，切忌用病区的或带病的枝干作支柱。刮下的病皮和剪下的病树枝集中烧毁，不可堆放在园内。园内要及时中耕除草。

②及时处理病果 果实发病后，注意及早摘拾病果深埋。

③药剂除治 萌芽前喷5波美度石硫合剂或5%菌毒清水剂100～200倍液。萌芽后刮除枝干病瘤，刮治要轻，以去掉病瘤，健皮部分露出淡绿色好皮为度。刮后涂植物油甲托(12份植物油加1份70%甲基硫菌灵可湿性粉剂)或松焦油原液或2倍液等，重病果园可用松焦油原液乳剂50倍液在苹果树休眠期全树喷雾防控。若树干整周染病，应先刮治一半，待治愈后再刮治另一侧。

④药剂保护 生长期喷药保护果实可防止侵染。坐果后连续

喷药2次(间隔10天),80%多菌灵可湿性粉剂2000倍液(1次),70%甲基硫菌灵可湿性粉剂1000倍液(1次)。以后根据所用药剂药效长短再喷保护性杀菌剂数次,如间隔20天喷1∶2∶200波尔多液,直到9月末。还可交替选用75%百菌清可湿性粉剂700～1000倍液、70%或80%代森锰锌可湿性粉剂600～800倍液、40%氟硅唑乳油8000～10000倍液等喷雾。

18. 如何防控苹果炭疽病危害?

(1)危害症状 主要危害果实及1～2年生小枝条。发病初期,果面出现淡褐色水渍状小圆斑,并迅速扩大,病果的果肉软腐味苦,表面下陷,有深浅交替的轮纹,如条件适宜则迅速腐烂不显轮纹。病斑扩大到1～2厘米时,在病斑上可见到呈同心轮纹状排列的小黑粒点,这是病菌的分生孢子盘在天气潮湿时释放出的分生孢子。病果易脱落,也有的失水干缩成僵果留在树上,翌年便成为初侵染的菌源。在温暖的条件下,在衰弱的1～2年生枝上形成小溃疡,病部略凹陷,边缘稍隆起,病皮多开裂。

(2)发病规律 病菌以菌丝体在枝条的溃疡部、枯枝及树上的僵果内越冬,翌年春季产生分生孢子,借风雨和昆虫传播。分生孢子可穿透角质层直接侵入或经皮孔、伤口侵入果实。炭疽病菌的侵入期主要在幼果期,但前期不发病,到果实近成熟期才表现症状。

(3)防控方法

①提高抵抗力 培育壮树,合理进行肥水及栽培管理。

②加强综合管理 合理修剪,及时中耕除草,不间作高秆作物,排除积水,降低果园湿度,改变利于发病的环境条件。

③清除病原 冬季修剪时,剪除树体上的干枯枝、干枯果台及病僵果等。

④喷药保果 第一次喷药应在落花后半个月左右(5月上中

旬)进行,根据药剂残效期长短,决定喷药的间隔时间,一般需喷4～5次。常用药剂有1∶2∶200波尔多液、50%多菌灵可湿性粉剂或胶悬剂800～1 000倍液、80%多菌灵可湿性粉剂2 000倍液、70%甲基硫菌灵可湿性粉剂1 000倍液、75%百菌清可湿性粉剂700～1 000倍液、70%或80%代森锰锌可湿性粉剂600～800倍液、40%氟硅唑乳油8 000～10 000倍液等喷雾。应注意各种药剂交替使用,不同病害的兼治可减少药剂的使用次数,以防病菌因产生抗药性而降低效果。

19. 如何防控苹果早期落叶病危害?

苹果早期落叶病包括褐斑病、灰斑病、圆斑病和轮斑病4种,其中以褐斑病发生最普遍,轮斑病危害最重。这些叶斑病可使叶片提早脱落,重病年8月份叶片即可落光,造成2次长叶、2次开花,对树势及产量影响极大。

(1)危害症状 这些叶斑病主要在叶片上发生,也可危害果实及枝条。褐斑病病斑中部褐色,边缘绿色,外围黄色,病斑上有小黑点,排列成同心轮纹状;灰斑病病斑圆形或不规则形,初期黄褐色,不久变为灰色,后期病斑上散生许多小黑点,病叶易黄化焦枯;圆斑病病斑圆形,褐色,边缘清晰,中部有1道紫褐色环纹,内有1个小黑点;轮斑病病斑较大,圆形或半圆形,边缘清晰,暗褐色,有明显轮纹,在潮湿条件下,病斑背面可产生黑色霉状物。

(2)发病规律 几种叶斑病病菌主要是在带病落叶中越冬,除褐斑病外,还可在病枝上越冬。翌年在高湿条件下,越冬病菌产生大量孢子,通过风雨传播,轮斑病菌还可通过气流传播。几种病一般在6月中旬开始发生,7～8月份多雨季节是各种落叶病的发病盛期,重病年8月中下旬开始大量落叶。降雨和多雾造成的湿度高或降雨早而多的年份,发病早而重。降雨虽少但雾露多的年份和季节发病也重。

(3)防控方法

①清除病原　彻底清除树上树下的病叶,并集中烧毁或深埋,此法防病效果良好。另外,结合冬剪清除病枝也有一定的防病作用。

②增强树势　加强肥水,控制结果量,增强树势可减少或延迟落叶。

③药剂防控　适时喷药是防治早期落叶病的重要措施,常用的药剂有:10%多抗霉素可湿性粉剂1000倍液、50%异菌脲可湿性粉剂1500倍液、43%戊唑醇悬浮剂3000～5000倍液、10%苯醚甲环唑水分散粒剂2000～3000倍液等。应注意各种药剂交替轮换使用,以防产生抗药性。

20. 如何防控苹果白粉病危害?

(1)危害症状　苹果白粉病主要危害叶片和新梢,也危害花、幼果和芽。被害的休眠芽,外形瘦瘪,顶端尖细,鳞片松散。病芽表面茸毛稀少,呈灰褐色至暗褐色,被害严重时干枯死亡。春季病芽萌发较晚,新叶抽发缓慢,不易展开,皱缩变形,略带紫褐色,叶背面有稀疏的白粉层。随着枝叶生长,白粉层扩展到叶片正反两面。从病芽抽发的新梢,表面布满白粉,节间短,细弱,叶片狭长。后期病梢上的叶片大部干枯脱落,仅在顶端残留几片带有白粉的新叶。初夏以后,白粉层脱落,病梢表面呈银灰色。在病梢的叶腋、叶柄和叶背面主脉附近,产生成堆的蝇粪状黑色小点,即病菌的闭囊壳。被害严重时,病梢完全干枯。染病花芽萌发后,花梗和萼片畸形,花瓣狭长、布满白粉,花丛枯萎,不能坐果。被害严重的花芽干枯死亡,不能开放。生长期被害的叶片,叶背面出现边缘不清晰的斑块、被覆白粉,病叶凸凹不平,叶色浓淡不匀。发病后期,叶尖和边缘干枯,变褐色,病叶易早期脱落。幼果发病,多在萼洼或梗洼出现被覆白粉的块状斑。病果长大后白粉脱落,果面布满铁锈色网纹状斑。

(2)发病规律 苹果白粉病以菌丝潜伏在冬芽鳞片间或鳞片上越冬。春季冬芽萌动时，越冬菌丝开始活动，产生分生孢子进行侵染。白粉病是一种外寄生的专性寄生菌，菌丝在嫩叶、新梢、花器及幼果的外表蔓延，以吸器深入寄主吸收营养，病害严重时也能蔓延深入到叶肉组织。分生孢子主要借气流传播，当气温在21℃～25℃、空气相对湿度达70％以上时有利于孢子的繁殖与传播，潜育期3～6天。4～6月份发病较重。春梢和秋梢旺盛生长期是白粉病的两个高峰期，凡春季温暖干旱的年份，有利于病害的前期流行，夏季多雨凉爽，秋季晴朗，则有利于后期发病。植株过密，土壤黏重，施肥不足，尤其是缺乏钾肥和果园管理粗放等均有利于发病。

(3)防控方法

①清除菌源 结合冬季修剪，除去病枝、病芽，重病树可连续几年采取重剪。在苹果展叶至开花期应及时多次地剪除新病梢、病叶丛、病花丛，集中烧毁或深埋，控制菌源，减少危害。

②加强栽培管理 增施肥料，尤其是磷、钾肥，促进果树生长健壮，提高抗病能力。合理修剪、改善通风透光条件均有利于控制病害的发生。

③药剂防控 春季发芽前(芽萌动时)，喷1次5波美度石硫合剂。花前、花后再各喷1次0.3～0.5波美度石硫合剂。如发病较重，隔10日后可再喷1～2次杀菌剂。常用药剂除石硫合剂外，还可喷洒2％嘧啶核苷类抗生素水剂或45％硫磺胶悬剂200～300倍液、15％三唑酮可湿性粉剂1 000～1500倍液、70％甲基硫菌灵可湿性粉剂800倍液等。

21. 如何防控苹果霉心病危害？

(1)危害症状 在发病初期，剖开病果观察，果实心室内出现褐色不连续的点状或条状小斑，其后多数小斑融合成褐色斑块，心室中出现橘红色、墨绿色、黑灰色和白色霉状物。症状发展大致可分为4种类型：一是心室小斑型，病斑直径在2毫米以下；二是心室大斑型，病斑直径在2毫米以上，病组织湿润；三是心室腐烂型，病组织湿润；四是果肉腐烂型，病变果肉轮廓不规则，有时干缩，呈海绵状。在生长期，霉心病果从外观不易识别辨认，病果易脱落，落地后继续霉烂。

(2)发病规律 苹果霉心病是由多种真菌引起的一种病害。病菌在病僵果或坏死组织上越冬，翌年春季开始侵染。病菌通过花和果实的萼筒进入心室，在心室中扩展蔓延，并有一部分病菌在心室里潜伏下来，直到贮藏期才发病。病菌的侵染率与萼筒开放率呈正相关。凡果实萼片开放、萼筒长的均易感病，如红星、元帅等发病重。果园地势低洼、树冠郁闭、树势弱的发病重。

(3)防控方法

①*加强果园管理* 及时摘除病果，清除落果，秋季深翻，冬季剪去树上僵果、枯枝等，均可减少菌源。

②*合理施肥* 注意氮、磷、钾肥的合理配合，增施农家肥，以增强树势，提高果实抗病性。

③*药剂防控* 苹果花期是病菌侵入的重要时期，也是药剂防控的关键期。在苹果现蕾期、花序分离期和落花期各喷1次杀菌药。药剂品种有：50%异菌脲可湿性粉剂1000～1 500倍液、10%多抗霉素可湿性粉剂1 000倍液、40%氟硅唑乳油8 000～10 000倍液、80%代森锰锌可湿性粉剂800倍液等。

22. 如何防控苹果锈病危害？

(1)危害症状 苹果锈病可危害苹果幼叶、叶柄、新梢、幼果、果柄等绿色幼嫩组织。叶片发病开始在叶片正面产生油亮的橘红色小圆点，之后扩大，病斑中部颜色较深，外围较淡，中央部分形成许多橙黄色小粒点(性孢子器),天气潮湿时,从中分泌出淡黄色黏液。而后性孢子器渐渐变为黑色,病斑正面凹陷,病部叶肉肥厚较硬,叶片病斑背面隆起,并长出丛生的黄褐色毛状的锈孢子器,内含大量锈孢子。

叶柄、果柄、嫩枝发病,病部为橙黄色,隆起呈纺锤形,上面形成性孢子器及锈孢子器。嫩枝上后期病斑处凹陷、龟裂、易折断;幼果多在萼洼附近发病,形成大小约1厘米的橙黄色圆斑,后期变褐,中央产生性孢子器,周围长出毛状锈孢子器。

(2)发病规律 苹果锈病病菌是一种转主寄生菌,转主寄主主要是桧柏,还有刺柏、龙柏、高塔柏、柱柏、翠柏、希腊桧、矮桧等。病菌在转主寄主的小枝上,以菌丝体在菌瘿中越冬。翌年春天形成冬孢子角,而后在空气潮湿时,冬孢子角吸水膨胀萌发产生大量担孢子,随风雨传播到苹果树上,侵染苹果叶片、叶柄及幼果,在病斑上形成性孢子和锈孢子,待锈孢子成熟后,再随风传播到桧柏上,侵害桧柏枝条。病害的发生受气候影响较大,苹果萌芽到幼果期,温暖多雨且有风,病害易发生和流行。

(3)防控方法

①消除病原 彻底铲除果园附近的桧柏等转主寄主,如不能铲除,冬季应剪除其上的病枝,集中烧毁,并于果树芽萌动期喷2～3波美度石硫合剂。在新建果园外围5千米以内,不要种植桧柏类树。

②药剂防控 于苹果树发芽后至幼果时,喷洒杀菌药1～2次,防止病菌侵入。较好的药剂为1∶2∶200波尔多液,或15%三唑酮可湿性粉剂1 000～1 500倍液,或70%甲基硫菌灵可湿性粉剂800～1 000倍液,或40%氟硅唑乳油8 000倍液等。

23. 如何防控苹果小叶病危害?

(1)危害症状 苹果小叶病发病初期,病枝节间短,发芽晚。

叶片狭小细长，新叶片浓淡不均或呈淡黄绿色，边缘上卷，质硬脆。有的枝条根本不能发叶，形成“光杆”或仅顶端生一叶簇，易早期脱落。病枝花芽少而小，花朵小而色淡，不易坐果；即使坐了果，果实也小且易畸形。金冠和元帅系品种受害较轻，国光、秦冠等品种受害重。

(2)发病规律 苹果小叶病是由缺锌引起的。锌会影响植物氮素代谢，缺锌的树色氨酸减少。色氨酸是合成吲哚乙酸的原料，吲哚乙酸减少，果树生长和叶绿素合成受到抑制，表现出小叶或簇叶症状，叶片黄化。苹果树缺锌主要与土壤有关，一般沙壤土含锌量较少，且易流失，碱性土壤中锌盐易转化为难溶解状态，不易被果树根系吸收。偏施磷肥的果园会加重缺锌症，而富含有机质和偏酸性的土壤很少缺锌。据河北省普查，大部分果产区普遍缺锌。

(3)防控方法

①加强果园管理 因地制宜地改良土壤结构和理化性质。合理施用氮、磷、钾肥，增施有机肥料，种植绿肥，以增加土壤中有机质的含量。搞好果园排灌设施，及时浇水和排水，防止干旱和水涝。

②药剂防治 在苹果树发芽前15天左右，全树喷3%～5%硫酸锌溶液，当年效果明显。或在苹果花后20天左右，喷0.2%硫酸锌和0.3%～0.5%尿素混合液，对减轻病害有显著效果。还可结合春、秋季施肥，在土壤中施锌，每株结果大树施0.5～1千克硫酸锌，施后翌年见效。

24. 如何防控苹果黄叶病危害?

(1)危害症状 苹果黄叶病新梢顶端幼叶先发病，初期叶肉变黄，叶脉两侧为绿色，叶片呈黄绿相间的网纹状。随着病情的发展，黄化程度逐渐加重，全叶变为黄白色，进而叶缘枯焦，全叶干枯，提早脱落。幼苗发病，也是从枝梢顶端的幼嫩部叶片开始，越往下的老叶发病越轻。

(2)发病规律 黄叶病主要是由树体铁素供应不足引起的。铁素对维持叶绿素的功能相当重要，因而缺铁素时叶片表现黄化。又因铁素不易转移，所以嫩叶表现黄化最为明显。树体缺铁素的原因，多由于土壤过碱或含有多量碳酸钙，使土壤中的铁素变为不溶性状态，植物无法吸收利用。同时，生长在强碱性土壤中的苹果树，因其本身的生理功能失去平衡，铁素的运转和利用也受到抑制。尤其是在雨少的春季或干旱果园，会加重病情，与之相反，雨季则发生较轻。在土壤黏重、通气性差的果园，根吸收能力较弱，也易发生黄叶病。

(3)防控方法

①砧木选择 选用抗性砧木。

②加强果园肥水管理 果园间作豆科绿肥，翻压绿肥，增施农家肥以改良土壤。地势低洼或地下水位高的果园，除应注意排水外，还种植深根性绿肥，对于减轻黄叶病也有良好效果。

③药剂防治 在施用农家肥的同时，配合施用硫酸亚铁。先把硫酸亚铁溶于水，再与牛、马粪或棉籽饼混合，开沟施入树冠周围土中。10 年生左右的树每株约施硫酸亚铁 0.5 千克，施用 1 次效果可维持 1～2 年。在新梢加速生长期，在树上喷洒 0.3～0.5%硫酸亚铁溶液，每 15 天左右喷洒 1 次，连喷 3 次，有一定防治效果。还可在叶面喷施 0.1%～0.2%螯合铁溶液(乙二胺四乙酸螯合铁)，有显著疗效。

25. 如何防控苹果根腐病危害?

(1)危害症状 其地上表现均为生长衰弱，叶小而黄或叶簇萎蔫、叶缘焦枯，严重时可使全树死亡。地下部的发病部位和病状有所不同。

①圆斑根腐病 先从须根开始发病，然后延及上部的粗根，形

成红褐色圆斑，扩大后可使整段根变黑死亡。

②根朽病　主要发生在根颈部和主根上，病部的皮层内、皮层与木质部间充满白色至淡黄色扇形菌丝层，有蘑菇味。

③白绢病　主要发生在根颈部，初期表皮呈水渍状褐色病斑，其上覆盖白色丝状菌丝层，后期出现油菜籽状的菌核。

④白纹羽病　从细根开始腐烂，渐及侧根和主根，病根表面有白色丝网状物缠绕。

⑤紫纹羽病　以细根开始向大根蔓延，病根表面缠绕有紫色绒毛状物。

(2)发病规律

①圆斑根腐病　病菌长期存在于土壤中，当根系生长衰弱时侵染致病。

②根朽病　靠菌索蔓延和侵染，在林迹地建立的果园菌索蔓延快、发病重；土壤湿度大发展快，沙土地和肥水条件差的果园易发病。

③白绢病　主要危害4～10年生树，菌核在土中能存活5～6年，近距离靠菌核借雨水或灌溉水流动传播，远距离靠带菌核的苗木传播。7～9月份为发病盛期。

④白纹羽病　以菌索在土中蔓延传播，干旱、修剪过度、排水不良等均易导致发病。

⑤紫纹羽病　菌丝层和菌核在土中能存活多年，刺槐是传播紫纹羽病的主要媒介，地下水位高、排水不良、土质黏重的果园发病较重，定植过深的植株易发病。

(3)防控方法

①加强管理，增强树势　主要措施有加强肥水管理，使根系营养充足、生长健壮，防止干旱和积水，加强耕作，使土壤熟化，苗木定植时，嫁接口不要埋入土中。

②隔离消毒　对已发生病害的果树，可采用隔离、治疗和土壤

消毒的方法处理。对主要由菌索传播的根朽病、紫纹羽病和白纹羽病，可在病区周围挖1米深的沟封锁，对病树用药剂消毒。

③合理选园址　建立新园时避免使用杨、柳、刺槐、酸枣等林迹地和用刺槐作防护林，清除土中残留树根对几种根腐病均有效。

④扒土晾根　对于侵染根颈部的根腐病，可扒开土壤使根颈暴露，俗称"晾根"，时间可长可短，注意四周筑埂，防止雨季积水，填土时可拌药。

⑤药剂防控　经常检查树体地上部分的生长情况，发现症状时，及时检查根部发病情况，如确已发病，于切除病部后用药剂消毒伤口和周围的土壤。有效药剂有：70%甲基硫菌灵可湿性粉剂1 000倍液、50%多菌灵可湿性粉剂1 000倍液、5%菌毒清水剂200倍液、1波美度石硫合剂等。药液量据树冠大小每株用15～50千克不等，药土用量一般每株50～300克，与新土混合，撒于病根分布的土壤中，治疗时间以春、秋季为好。

六、自然灾害防控

（一）关键技术

1. 苹果幼树抽条的原因

苹果幼树抽条是指越冬后枝条枯死的现象。其原因是地温和气温的差异导致树体内部水分失调所造成的。即在发芽前，因风大、气温高，使幼树地上部水分蒸发量大，但地温较低、根系活动能力差，所吸收的水分不能满足地上部枝条的需要，故造成生理干旱（即冻旱）使枝条枯死，严重时地上部可全部抽干死亡。

2. 苹果树日灼

苹果日灼因发生的时期不同有冬、春季日灼和夏、秋季日灼2种。冬、春季日灼是由于冬、春季白天太阳照射枝干使温度升高，冻结的细胞解冻，夜间温度下降后细胞又冻结，经冻融交替使皮层细胞受破坏造成的；夏、秋季日灼是由于阳光直射的部位水分供应不足，蒸腾作用减弱，使枝干的部分皮层或果实的表面局部温度过高，引起组织的生理失调甚至局部死亡。

3. 苹果冻害的主要症状

苹果冻害的主要症状有：一是嫩枝、枝条受冻，受冻部位的形成层或髓部、木质部变成褐色。二是桠杈冻害，树体的分枝交叉处受冻，冻后皮层下陷或开裂，内部变黑。三是主干皮层开裂。四是根颈冻害，皮层变褐或黑色。五是根系冻害，皮层变褐，皮层与木质部分离甚至脱落。六是芽(花芽、腋芽)冻害,花芽受冻后花器畸形,发育不良,局部变褐。

(二)疑难问题

1. 如何防控苹果水渍烂根、冻害烂根?

(1)危害症状

①水渍烂根　在多雨年份和排水不良的果园经常发生。开始时枝条基部叶片变黄脱落,并逐渐向上发展,不脱落的叶片也变黄且叶缘焦枯。积水时间较长或树势衰弱、结果较多的树容易发生。发生水渍烂根以后,往往出现各种缺素症状。刨出烂根,主根呈蓝褐色腐朽,有一种酸腐气味,根颈部的木质部也有变褐现象。

②冻害烂根　由冻害引起的烂根分为2种:一种是根部冻害;另一种是主干木质部严重受冻后,因水分输导受到影响而引起的烂根。根部冻害最常见的是形成层冻害,被害部形成层变浅褐色。木质部冻害,往往只见于木质部最外边一层。无论何种冻害,地上部症状都是表现发芽较晚,叶片较小,并呈黄色或缺素症状。

(2)发病规律

①水渍烂根　苹果树因水渍而引起的烂根,在低洼地和地下水位高、排水不良的果园容易发生。根部腐烂死亡,主要是由于积水后根部缺氧窒息引起的。根的窒息死亡和积水时间长短及气温高低有直接关系。

②冻害烂根　多在北方寒冷地区发生,尤以秋雨较多年份的翌年早春更易发生。苹果根抗冻性较差,在－11℃～－13℃可发生冻害。苹果冻害的发生与地区、品种、树龄等有密切关系,一般抗寒品种冻害较少,抗寒性较差的元帅系品种、国光等则易发生冻害。与土质也有一定关系,一般黏质土壤较易发生冻害。此外,结果过多的树,由于储藏营养少,木质部形成较薄,根或主干木质部

都易发生冻害。

(3)防控方法

①水渍烂根　在多雨地区和地势低洼的果园,应注意改善排水条件;对于地下水位较高、积水不易排出的果园,可在树行间开沟,并取沟内土垫高树盘或树带,采用深沟高畦方法,控制园内存水,防止水涝危害;果树水涝烂根,常与大量结果后树势衰弱有关。因此,对这类果树,应加强管理以增强树势。

②冻害烂根　在秋后入冬前进行根部培土防寒,在翌年春天表土化冻时逐步扒开土堆,同时防止早春因土堆影响树冠下冻土融化,根系活动延迟,引起抽条现象;在秋末及早春进行树干涂白,以防止树干因昼夜温差大而引起的冻害;在冻害发生严重的地区,应注意栽培抗寒品种和利用抗寒砧木;加强栽培管理,增强树势和抗寒力,在夏、秋间不过量施用氮肥,注意氮、磷、钾肥的配合使用。

2. 如何防控苹果幼树抽条?

(1)预防幼树抽条的措施

①提高树体储藏营养水平,增强越冬能力　在秋梢停长期追施或喷施以磷、钾为主的肥料,提高叶片的光合效能,增加同化营养的积累;注意叶片的保护,及时防控早期落叶病、红蜘蛛和毛虫等,保证秋季叶片完好且不落叶;控制枝条后期生长,减少养分消耗,于9月底至10月初对未停长的新梢摘心,并于8月份至10月上旬控制浇水;于10月份大青叶蝉成虫产卵期,在树上、间作物和杂草上喷90%敌敌畏乳油800～1 000倍液等,行间尽量不间作蔬菜,特别是十字花科蔬菜,以减少大青叶蝉危害。

②提高地温　通过提高地温能增强根系的吸收能力而有效地预防抽条。提高地温的措施有:于12月上旬在树干北侧50厘米左右处,培1个长100厘米、高50厘米左右的月牙形土埂(化冻后去掉);2月上旬在树冠下面覆盖1～1.5米见方的地膜;12月上旬

培土埂和2月上旬覆地膜均能显著提高地温，以覆地膜效果最好，是防止苹果幼树抽条的理想措施。

③减少枝干水分蒸腾　对1～2年生的富士苹果树可压倒培土，即在小树接口的背面堆一土垫，将幼树轻弯曲压倒在土垫上，然后培土压实。要求枝条不外露，培土厚度15厘米以上，于封冻前完成，翌年发芽时挖出，并要扶直；于2月中下旬和3月中下旬在树上各喷1次羧甲基纤维素100～150倍液，可有效地防止抽条（羧甲基纤维素必须在喷前用10倍水浸泡1昼夜再稀释至所用倍数）。

(2)抽条树的管理　对已抽条的苹果树，如果树干上能萌发出苹果萌蘖，应通过及时夏剪重新培养好树形。对干枯到树干基部的植株，当未干枯部分萌发出苹果品种新梢时，选留壮梢2个，其余的抹除。干枯的树干剪留30厘米左右作为新梢的绑缚橛。以后选留1个新梢，培养成新的树干，对另一个新梢采用多次重摘心的方法控制其生长。当选留的新梢生长到50厘米时进行绑缚，生长点长到距地面1米以上时摘心，并根据当年的生长情况可连续进行2～3次，这样当年即可成为多副梢的较完整的树冠。冬剪时去掉绑缚橛和另一个被控制的新梢。若未干枯部分萌发出砧木的新梢，管理方法同上，到翌年进行多头高接。

干枯到树干上部的植株，把干枯部分锯掉，在萌发出的新梢中选1个位在中心而粗壮的新梢培养为中央领导干，再选分布匀称、斜生而健壮的新梢3～4个培养为主枝。当生长到50厘米时摘心，以后根据生长情况再摘心1～2次。其余的新梢作为辅养枝处理，密集处要进行疏间，并要采用早摘心和拧梢等方法控制生长。这样当年也能形成较好的树冠。已抽条的幼树，生长更加旺盛，更易抽条，所以应继续加强防抽条的措施。

3. 怎样预防苹果园霜冻?

霜冻有3种类型,即辐射霜冻、平流霜冻和混合霜冻。其中,辐射霜冻只是早晨几小时,降温一般在1℃~2℃,较好预防;平流霜冻为寒流侵袭的结果,涉及范围广,持续时间长,有时可达数夜之久,急剧降温3℃~10℃,一般防霜措施效果不大,但不同的小气候条件之间有很大差异;辐射霜冻和平流霜冻同时发生即为混合霜冻,其危害更重,更难防御。

预防苹果园霜冻的措施如下:

(1)延迟果树发芽与开花期 春季多次灌溉能降低地温,延迟发芽,一般可使苹果花期延迟5~7天。春季骨干枝涂白或对树体喷7%~10%石灰液,可以延迟发芽、开花3~5天。

(2)改善果园小气候条件

①*加热法* 在果园里,每隔一定距离放一个加热器,在霜冻来临前点火增温。

②*吹风法* 用大型鼓风机吹散冷空气,1个鼓风机可保护1~1.3公顷(15~20亩)果树。为了防御平流霜冻,可用强迫通热风的鼓风装置。

③*熏烟法* 在最低温度不低于-2℃时,可在果园内熏烟,减少土壤热量的辐射散失,同时烟粒吸收湿气,使水汽凝结,放热、增温。方法是用柴草和烟剂发烟。

④*霜前浇水或喷灌* 可提高地温,叶面可增温2.5℃。浇水时间以霜前3~6天最好。喷灌是在霜冻前几小时或防霜中进行。

(3)加强综合管理 增强树势,提高树体抗霜冻能力。

4. 如何预防苹果树发生冻害?

进入冬季要做好苹果树的防冻工作,需注意以下几方面:

(1)及时浇好封冻水 一般要保证在土壤封冻前完成。封冻水保证浇透的同时，要避免果园低洼处积水，土壤封冻后积水结冰对根系严重不利。浇好封冻水是一项重要的防寒措施。

(2)树干涂白 冬前对苹果树主干、主枝进行涂白，涂干高度1米以上。树干涂白不但可以杀菌、防虫，而且能较好地预防冬季冻害的发生。冬季，白天气温高，树干颜色较深，易于吸收热量，因而树干的温度上升很快；而夜晚的气温较低，在不涂白的情况下，树干表皮的温差变化较大，树干容易冻裂。那些秋季长势旺盛、停长晚的植株，更容易发生受冻、树皮裂口的问题。树干涂白后，可有效降低树干部位昼夜温差，保持温度的相对均衡。因此，进入11月中旬后，要及时进行全园树干涂白。涂白剂的配制比例为生石灰10千克、硫磺粉1千克、食盐0.2千克、加水30升调成糊状，均匀涂抹树干。

(3)行间盖草，树盘覆盖 秋后行间覆盖作物秸秆、树叶等，厚度5～10厘米。既可保墒，又可有效提高地温，防止冻害发生。对风口位置或弱树，在树体周围1米的直径范围内覆盖地膜，可防止水分蒸发和地温散失。覆膜时间应在冬灌和中耕培土后进行。

(4)注意根系防冻 入冬前，根颈周围进行地表培土。沿树盘周围向树干培土，培土高度一般不超过第一分枝，待翌年早春气温回升后，把土扒开。也可压草覆盖，但草上要适当压土，注意防火。

(5)延迟修剪，伤口保护 应适当推迟修剪时间，采用二次冬剪技术，即苹果树进入休眠期，但严寒的冬季尚未到来之前进行第一次修剪，修剪量为全修剪量的70%～80%。严寒过后，休眠即将结束之前进行第二次修剪，为冬季辅助修剪，剪去越冬死亡的枝条和过多的枝条，并及时涂抹枝干保护剂进行伤口保护。

(6)树体保护 密切注意气温变化，若气温降至－20℃以下，则可能对树体造成冻害，应及时用废旧棉絮、布条、作物秸秆、草等物品将主干、主枝包裹，用废旧农膜、编织袋绑缚扎紧。用稻草包扎主干时，注意草头压住草尾并扎紧，勿使草内积水结冻。

(7)摇落树冠积雪 在大雪后及时摇落和清除树上的积雪，防止昼夜气温剧变和冰雪消融使树干发生冻害，加重腐烂病发生。如遇冻害，千万不要用棍棒打落树冠上的冰冻，以免打落枝叶，加重冻害。

(8)做好天气预测预报工作 在整个冬季对恶劣天气，特别是绝对低温和寒风的出现期和持续时间，及时做好预测预报工作。在恶劣天气出现以前做好防冻准备，采取各种措施保护树体安全越冬，如采取包草、熏烟等措施，提高局部温度，可防止或减轻冻害。

5. 如何管理受冻的苹果树?

受冻苹果树的管理主要有以下几点：一是冻害不太严重的树，如果形成层和芽子冻害较轻，或无损伤，可逐渐恢复。对于松离的皮层，应用钉子钉在原处，保持形成层细胞有一定的湿度和遮阴条件，以利再生新组织，否则，形成层细胞将迅速枯死。二是皮层已明显死亡的部分可切除，用桥接法帮助伤口愈合。三是木质部冻害重的树，应多施氮肥，促使形成层迅速形成新的木质部和皮层。四是受冻树最好在夏季剪除受冻部分。五是受冻树要重疏花、果，以利于树势恢复。

6. 怎样管理受涝的苹果树?

果园受涝后应及时进行生产自救，对受涝的苹果树可以采取如下措施进行管理：

(1)尽快排水降湿 改善排水条件，通过挖临时排水沟的方法及早排除积水，以恢复果树根系的通气条件。

(2)扶正果树 歪倒的苹果幼树要扶正，必要时可设立支柱，防止动摇和再次歪倒。把枝条及叶面上的污物清除，最好用喷雾器喷洒清水将枝叶清洗干净，以确保树体正常生理活动的进行。

(3)清淤 清除根际压沙和淤泥，并对裸露的根系培土。

(4)晾根 将根颈和粗根部分的泥土扒开进行晾根，对受涝而烂根较重的果树，应清除已溃烂的树根。

(5)松土散墒 及时进行树盘或全园耕翻，使土壤水分散发，改善土壤通气条件，以利于土壤微生物活动，恢复根系发育，促进新根生长。

(6)施肥 结合耕翻增施氮、磷、钾肥，同时还应辅以叶面喷肥，以利于恢复树势。肥料可用过磷酸钙、磷酸二氢钾、光合微肥等。

(7)防治病虫害 水灾后，土壤和空气湿度偏高，有利于叶部和根部病害的发生，因此要密切注意果园病虫害的发生情况，及时有效地加以防治；还要根据实际情况，喷布1次保树、保叶、保果的药剂，防止病虫害流行。常用药剂有三唑酮、百菌清、多菌灵、甲基硫菌灵等。

(8)过密果园适度秋剪 通过对过密果园进行适度秋剪，可以改善树体的通风透光条件，提高叶片光合效能，增加养分积累。

(9)加强树体保护 冬前进行枝干涂白，保护皮层，防止冻裂，幼树可埋土防寒以利安全越冬。

7. 怎样预防苹果树高温热害？

7～8月份苹果果实增长较快，适宜温度为22℃～28℃，30℃以上果实膨大缓慢，气温超过35℃则停止生长。同时，高温干燥的气候，严重抑制叶片的光合作用，甚至导致落果、缩果，对产量有较大影响。预防高温热害的措施如下：

(1)中耕松土 在高温季节中耕松土，既能消灭杂草，减少病虫，又能疏松表土，消除土壤板结，切断毛细管，减少水分的蒸发。还能增强土壤通气性，促进根系生长发育，提高树体抗旱性。

(2)浇水降温 7～8月份高温季节，适时浇水可以明显改善果园小气候，使气温、地温下降1℃～3℃，从而减轻高温危害。

(3)喷水降温 在气温达到33℃以上时，给全园果树喷水，提高空气湿度，降温增湿又防日灼。喷水宜在早晨进行，要将全树喷湿至叶片滴水为止。

(4)叶面喷肥、喷减蒸剂 高温干旱季节，叶面可连续喷施400～500倍尿素、磷酸二氢钾溶液等，有利于降温、补充水分和养分、提高叶片功能。也可选择喷施减蒸剂，能有效减少水分的过度散失，提高果实抵御日灼伤害的能力。

(5)果园覆草 高温季节到来之前，果园株间盖上一层秸秆，可保水、降温，避免强光直接照射地面，减少土壤水分的蒸发。覆草之前应先中耕松土或浇水，覆草原料有麦秸、稻草、杂草等，厚度以8～10厘米为宜。通过果园覆草可减少地表蒸发、降低地温，为根系生长创造良好的生态环境条件。如结合穴施肥水效果会更好。

(6)病虫害综合防治 对危害树体、叶片的各种病虫害应加强防治和预防，7～8月份正是潜叶蛾、红蜘蛛、早期落叶病等多种病虫害的危害盛期，此时要进行化学药剂防治，预防病虫害的发生和危害，避免引起早期落叶，使树势尽快恢复。

(7)合理夏剪 降低夏季修剪量，在修剪时树体的向阳方应多留一些枝条，以减轻日灼的危害。

8. 苹果树遭雹灾后如何管理？

苹果树生长季节受雹灾袭击后，轻者叶片、果实受损，降低果实品质和产量，重者树枝折断，树皮破损，严重影响当年和翌年产量，甚至绝产，几年内生长都将受到抑制。雹灾集中时，堆积时间稍长，还会造成冷害。

消除雹灾的根本方法是大面积营造防护林，改善果园局部小气候，减少雹灾的发生。果实套袋后如遇轻雹灾，可避免受到损伤，因此应尽量进行果实套袋。雹灾发生后，应采取积极的补救措施：

第一，清理果园内的残叶及落果，中耕保墒。

第二，剪除破损枝条，修刮枝干上的伤口，并涂保护剂。小伤口多时，应喷布1次杀菌剂防病。

第三，枝叶损伤过多时，无论果实受伤与否，都应摘除，减轻负载，集中营养保护树体。

第四，加强肥水管理，及时追施氮肥或根外喷肥，尽快恢复树势。

9. 怎样防止苹果树日灼？

防止日灼要根据其发生的原因，采取相应的措施。对于冬、春季日灼，可用树干涂白、绑草、涂泥以及培土等办法进行树干保护加以防止。

防止夏、秋季日灼应做好以下工作：

(1)加强土、肥、水管理 生长健壮的树，其树体营养充足、枝叶量较多，能对枝干和果实起到天然的保护作用；相反，枝叶量较少的弱树，枝干、果实直接暴露在强光照射之下，很易发生日灼。因此，应增施有机肥，提高土壤持水力，并进行根外追肥，补充树体养分，促使其枝繁叶茂，提高树体自身的防护能力。

(2)合理修剪 冬剪时切勿修剪过重，要保持适当的枝量，夏季修剪时要减少西南方向的修剪量，保留足够的枝叶量。尽可能多地留果实上部的叶片，以遮挡强烈的阳光。对于枝叶较少的光杆枝上的果实，可用麻绳将附近的发育枝拉至果实上面进行遮阴，秋后要及时放开麻绳，以免影响果实着色。

(3)合理疏果 阳面尤其西南方向，不留无枝叶遮阴的果实，同时应注意阳面果实的留果位置，枝叶量少易受阳光直射的果疏掉，保留枝叶较多能遮阴的果实。阳面忌套塑膜袋，以避免袋内温度过高发生果实日灼。尽量少留树体上部果实，多留中下部果实，同一主枝上应多留两侧果，尽量不留背上果。

(4)果实套袋 套袋也能有效地降低日灼，同时纸袋的质量也直接影响日灼发生的程度，以透气性好、纸质好、耐冲刷的双层袋为好。

(5)喷水 盛夏可用喷雾器对准果实喷清水，在下午1～3时温度高、阳光直射暴晒时，向树体的阳面，尤其是树冠西南向喷清水，可降低局部温度，避免果实日灼。有条件的果园，可开动喷灌设备，对果树进行适量喷水，改善园内小气候，可有效减少果实日灼的发生。

(6)树盘覆草 树下覆草可减少土壤水分蒸发，保持土壤湿润，降低小气候温度，减轻日灼。

七、果品安全生产

(一)关键技术

1. 无公害果品

根据我国“无公害食品行动计划”的要求,无公害果品,是指产地生态环境清洁,按照特定的技术操作规程生产,将有毒有害物质的含量控制在标准规定限量范围之内,并由授权部门审定批准,允许使用无公害农产品标志的安全、优质、面向大众消费的果品。简言之,无公害果品,是将有毒有害物质控制在标准规定限量范围之内的果品。无公害果品的生产有严格的标准和程序,主要包括环境质量标准、生产技术标准和产品质量检验标准,经权威部门考察、测试和评定,符合标准的方可称为无公害果品。

2. 无公害果品的质量标准

(1)安全　不含对人体有毒、有害物质,或者将有害物质控制在安全标准以下。

(2)卫生　农药残留、硝酸盐含量、“三废”等有害物质不超标,生产中禁用高毒农药,限制使用中等毒性农药,合理施用化肥。

(3)优质　内外在品质优良,营养成分高。严格地说,一般果品都应达到无公害果品的要求。

3. 绿色食品果品

绿色食品果品,指在生态环境质量符合规定标准,遵循可持续发展原则，按照特定生产方式生产，经专门机构认定，许可使用绿色食品标志的无污染的安全、优质、营养类果品。绿色食品标志是由中国绿色食品发展中心在国家工商行政管理局商标局正式注册的质量证明商标。

4. 有机食品果品

有机食品果品，是根据有机农业原则和有机果品生产方式生产、加工出来的，并通过有机认证机构认证的果品。有机农业的原则是，在农业能量的封闭循环状态下生产，全部过程都利用农业资源，而不是利用农业以外的能源（包括化肥、农药、生长调节剂等）。有机果品是纯天然、无污染、安全营养的果品，也可称为“生态果品”。

（二）疑难问题

1. 为什么要发展无公害苹果？

（1）适应市场经济的需要　随着我国经济的快速增长，人民生活水平不断提高，对果品消费的要求也越来越高。但是，在果品生产中大量施用化肥、滥用农药等生产资料及工业“三废”（废水、废气、废渣）和城市垃圾的任意排放，对果树的生态环境和果品的卫生质量造成很大威胁，已引起人们的广泛关注，迫切要求政府及有关部门采取措施，发展无公害果品，以满足人们绿色消费的需求。

（2）提高我国水果在国际市场的竞争力　我国是世界上第一水果生产大国，其中苹果和梨的种植面积和产量均居世界首位，近年来果品及其加工品的出口贸易也持续增长，但与我国水果总产量相比，出口量是微不足道的，苹果的出口量仅为总产量的1%，占世界苹果总出口量的2%。其中，最主要的原因是果品质量差，安全优质性能较为不足，缺乏市场竞争力。加入世贸组织后，关税壁垒已不复存在，但代之而来的是“绿色壁垒”，外销果品除优良的外观品质外，其果品中有毒有害物质残留量也应在规定范围内。因此，要想扩大果品的出口，冲破“绿色壁垒”就必须从源头抓起，大力发展无公害果品生产，提高我国果品质量，以增强在国际市场的竞争能力。

(3)保护和改善农业生态环境的需要 随着工农业的快速发展，工业“三废”的大量排放、农业化学物质(化肥、农药、除草剂、生长调节剂等)大量施用，导致农作物赖以生存的土壤、水质、空气严重污染，所生产的农产品及其加工品质量都受到影响，食用这些被污染的农产品就会引起轻者中毒，重者致病、致癌、致畸现象的发生，严重危害人类的健康。因此，要创建和保持无公害果品基地，就必须保护和改善其生态环境条件，大力推广无公害果品生产技术，只有有效地保护和改善生态环境，才能保证无公害果品持续稳定发展。

2. 无公害苹果园可以应用的农药有哪些?

(1)允许应用的杀虫杀螨剂品种 1.8%阿维菌素乳油、0.3%苦参碱水剂、10%吡虫啉可湿性粉剂、25%灭幼脲3号悬浮剂、50%马拉硫磷乳油、50%蛾螨灵乳油、20%杀铃脲悬浮剂、50%辛硫磷乳油、5%噻螨酮乳油、10%浏阳霉素乳油、20%四螨嗪胶悬剂、15%哒螨灵乳油、40%蚜灭多乳油、99.1%敌死虫乳油、苏云金杆菌可湿性粉剂、10%烟碱乳油、5%氟虫脲乳油、25%噻嗪酮可湿性粉剂、5%氟啶脲乳油等。

(2)允许应用的杀菌剂品种 5%菌毒清水剂、松焦油原液乳剂(涂剂)、2%嘧啶核苷类抗生素水剂、70%甲基硫菌灵可湿性粉剂、50%多菌灵可湿性粉剂、40%氟硅唑乳油、1%中生菌素水剂、27%碱式硫酸铜悬浮剂、石灰倍量式或多量式波尔多液、50%异菌脲可湿性粉剂、70%代森锰锌可湿性粉剂、70%乙铝·锰锌可湿性粉剂、硫酸铜、15%三唑酮乳油、50%硫磺胶悬剂、石硫合剂、10%混合脂肪酸、1.5%多抗霉素水剂、75%百菌清可湿性粉剂等。

(3)限制使用的农药品种 48%毒死蜱乳油、50%抗蚜威可湿粉、25%抗蚜威水分散粒剂、2.5%高效氯氟氰菊酯乳油、20%甲氰菊酯乳油、30%桃小灵乳油、80%敌敌畏乳油、50%杀螟硫磷乳油、10%高效氯氰菊酯乳油、20%氰戊菊酯乳油、2.5%溴氰菊酯乳油等。

(4)禁止使用的品种 甲拌磷、乙拌磷、久效磷、对硫磷、甲胺磷、甲基对硫磷、甲基异硫磷、氧化乐果、磷胺、克百威、涕灭威、灭多威、杀虫脒、三氯杀螨醇、炔螨特、滴滴涕、六六六、林丹、氟化钠、氟乙酰胺、福美胂及其他砷制剂等。

3. 绿色食品果品的生产应当具备什么条件？

绿色食品果品生产必须同时具备以下条件：

(1)产品原产地必须符合绿色食品生态环境质量标准 果品生长区域内没有工业企业的直接污染，水域上游、上风口没有污染源对该区域构成污染威胁。该区域内的大气、土壤、水质均符合绿色食品生态环境标准；并有一套保证措施，确保该区域在今后的生产过程中环境质量不下降。

(2)果品种植必须符合绿色食品生产操作规程 农药、肥料等生产资料的使用必须符合《生产绿色食品的农药使用准则》和《生产绿色食品的肥料使用准则》等。

(3)产品必须符合绿色食品产品标准 绿色食品最终产品果品必须由中国绿色食品发展中心指定的食品监测部门依据绿色食品产品标准检测合格。绿色食品产品标准是参照国家、部门、行业有关标准制定的，通常高于或等同现行标准，有些还增加了检测项目。

(4)产品的包装、贮运必须符合绿色食品包装贮运标准 产品的外包装除必须符合国家食品标签通用标准外，还必须符合绿色食品包装和标签标准。

4. 有机食品果品的生产应当具备什么条件？

有机食品果品必须同时具备以下条件：一是生产基地在最近3年内未使用过农药、化肥等违禁物质；二是果树种苗来自于自然界，未经基因工程技术改造过；三是生产基地应建立长期的土地培肥、植物保护、作物轮作和畜禽养殖计划；四是生产基地无水土流失、风蚀及其他环境问题；五是作物在收获、清洁、干燥、贮存和运输过程中应避免污染；六是从常规生产系统向有机生产转换通常需要2年以上的时间，新开荒地、撂荒地需经至少12个月的转换期才有可能获得颁证；七是在生产和流通过程中，必须有完善的质量控制和跟踪监查体系，并有完整的生产和销售记录档案。